建筑业职业技能岗位培训教材

# 架 子 工

主编　陈登智

副主编　袁玉龙　邵　良　陈成刚

中国环境出版社·北京

**图书在版编目（CIP）数据**

架子工 / 陈登智主编．—北京：中国环境出版社，2012.6（2017.8 重印）
建筑业职业技能岗位培训教材
ISBN 978-7-5111-0863-0

Ⅰ．①架… Ⅱ．①陈… Ⅲ．①脚手架—工程施工—岗位培训—教材 Ⅳ．①TU731.2

中国版本图书馆 CIP 数据核字（2013）第 084253 号

**出 版 人** 王新程
**责任编辑** 张于嫣
**文字加工** 李兰兰
**责任校对** 扣志红
**封面设计** 中通世奥

---

**出版发行** 中国环境出版社
（100062 北京市东城区广渠门内大街 16 号）
网 址：http://www.cesp.com.cn
电子邮箱：bjgl@cesp.com.cn
联系电话：010-67112765（编辑管理部）
010-67112739（建筑图书出版中心）
发行热线：010-67125803，010-67113405（传真）
**印 刷** 北京市联华印刷厂
**经 销** 各地新华书店
**版 次** 2012 年 6 月第 1 版
**印 次** 2017 年 8 月第 7 次印刷
**开 本** 850×1168 1/32
**印 张** 6.375
**字 数** 170 千字
**定 价** 16.80 元

---

# 编 委 会

# 序　言

十分高兴看到新一版的建筑业技能培训教材的及时出版。这套涵盖了建筑业主要技能内容的教材，不仅凝聚了各位编者的智慧和辛勤汗水，更是在建筑业"十二五"规划开局之年为建筑业一线操作技术人员技能水平的提高吹响了新的号角。

建筑业一线操作人员的技能水平是建筑工程质量和施工安全的保障基础。近年来，伴随着建筑业一线操作人员技能培训与鉴定工作的全面展开和不断深化，建筑业新技术、新工法、新材料和新产品也不断涌现、日益丰富。以山东省为例，为加大建筑业新技术、新产品、新材料的推广力度，仅在2010年，山东省建筑业就评审确定了省级工法296项和建筑业新技术应用示范工程269项。面向全国，面向世界，丰富多彩的新技术、新工艺为建筑业的发展注入了新的活力，也为建筑业技能培训和鉴定工作提出了新要求。建筑业技能培训的内容只有不断更新，一线操作人员的技能水平才能跟上时代的要求。

本套教材紧紧围绕国家职业技能鉴定的基本要求，一方面着力突出了新材料、新技术对技能培训与鉴定的新要求；

另一方面，从学习和教学角度编排内容和练习题目，以方便操作人员的学习和训练。相信这套教材的出版会让我们建筑业的技能培训与鉴定工作与时俱进，相信进一步的培训与开发定会为促进产业发展作出基础性的贡献。

宋瑞乾

2011年11月

# 前　言

随着建设行业各工种专业的技能水平不断提高，影响和促进建筑业技能发展的新材料、新工艺和新技术也日益丰富。为了促进建筑业技能培训与鉴定工作赶上时代的步伐，根据原建设部颁布的《建设行业职业技能标准》，结合近年来出现的新技术、新技能以及建筑业工作的实际需要，山东省建筑工程管理局技能开发管理办公室组织编写了本书。

全书共分八章，其中，第一章主要介绍了建筑识图与房屋构造的基本知识；第二章至第四章主要介绍了落地式脚手架、不落地脚手架及常见脚手架的种类及应用；第五章介绍了模板支撑的类别和使用；第六章主要介绍了脚手架的辅助工具和设备；第七章介绍了脚手架的施工方案；第八章主要介绍了脚手架的质量验收及安全操作。

本书具有两大特点：一是实用，紧密结合建筑工地实际；二是新颖，突出了新材料、新工艺和新技能的要求。这本《架子工》是建筑行业开展职业技能岗位培训与鉴定的实用教材，也是建筑业干部与职工学习技能、提高业务水平的理想参考读物。

本书由陈登智主编，编写了落地式脚手架、不落地式脚手架、常见脚手架、脚手架验收及安全操作等内容；由袁玉龙编写了建筑识图与房屋构造基础知识内容。

本书在编写过程中，得到了济南工程职业技术学院的大力支持与协助，在此表示感谢。由于水平有限，加之时间紧张，错误之处难免，恳请广大读者提出宝贵意见。

编 者

2011 年 11 月

# 目　录

# 第一章　建筑识图与房屋构造

## 第一节　建筑识图

### 一、图例符号

施工图就是在建筑工程中一种能十分准确地表达出建筑物的外形轮廓，大小尺寸，结构构造和材料做法的图样。因此施工图是房屋建筑施工时的重要依据，同样也是进行企业管理的重要技术文件。一套完整的施工图包括建筑、结构、水电、暖通等。

施工图是为施工服务的，要求准确、完整、简明、清晰，各有关部分应统一无矛盾，结构和构造交待清楚，满足施工要求。为了减少设计工作量，缩短设计时间，对于建筑各部构造，如门窗、地面、装饰、设备、结构构件等，各地均有标准图供设计时选用，按图施工，使建筑逐步走向标准化。

**1．施工图的内容**

（1）建筑总平面图：主要说明拟建建筑物所在的地理位置和周围环境的平面布置图。一般在图上应标出新建筑物的平面形状、层数、绝对标高，建筑物周围的地貌以及旧建筑平面形状，新旧建筑物的相对位置，建成后的道路、水源、电源、下水道干线的位置、地形等高线等。有的总平面图，设计人员还可采用测量人员测绘的标有坐标网的总平面图，画上新建筑物的平面形状和位置，其位置用坐标来表示。为了表示建筑物朝向和方位，在总平面图中，还应标上绘有指北针和风率的“风玫瑰图”。简单的建筑物一般将总平面图放在建筑施工图的首页。

（2）建筑施工图：建筑施工图是说明房屋建筑各层平面布置、立面、剖面形式、建筑各部构造及构造详图的图纸。建筑施工图包括设计说明、各层平面图、各立面图、剖面图、构造详图、材料做法说明等。建筑施工图纸在图标栏内应标注“建施××号图”，以便查阅。

（3）结构施工图。结构施工图是说明房屋的结构构造类型、结构平面布置、构件尺寸、材料和施工要求等。结构施工图包括基础平面图和基础详图、各层结构平面布置图、结构构造详图、构件图等。结构施工图纸在图标内应标注“结施××号图”。

（4）暖卫施工图：暖卫施工图是一栋房屋建筑中卫生设备、给排水管道、暖气、煤气管道、通风管道等布置和构造图。暖卫施工图主要有平面布置图、轴测图、构造详图等，这类图纸在图标内应分别标上“水施”，“暖通”等。

（5）电气设备施工图：电气设备施工图是房屋建筑内部电气线路的走向和电气设备的施工图纸，它有平面布置图、系统图、详图等，图标内标上“电施”。

### 2. 施工图的画法规定

施工图的画法主要是根据正投影原理和《建筑制图标准》（GB/T 50104—2001）以及建筑、结构、水电、设备等设计规范中有关规定而绘制成的。因此认真学习制图标准和有关设计规范是识读、绘制施工图必须具备的基础。对于建筑制图标准中的图幅、图标、字体注写、线型、比例、尺寸标注、图例等应认真学习和掌握。在此介绍建筑制图标准中关于详图索引符号、建筑、结构方面的图例，供识图和绘图时参考。

（1）详图索引符号：整套施工图纸，简单的几张，十几张，复杂的有几十张，几百张图。而图纸与图纸之间相互又有紧密联系，以便对照阅读，这就需要用一种简单而又一目了然的符号来表示，这种符号称为详图索引符号，如图 1-1（a）所示，是由直径为 10 mm

的圆和水平直径组成。

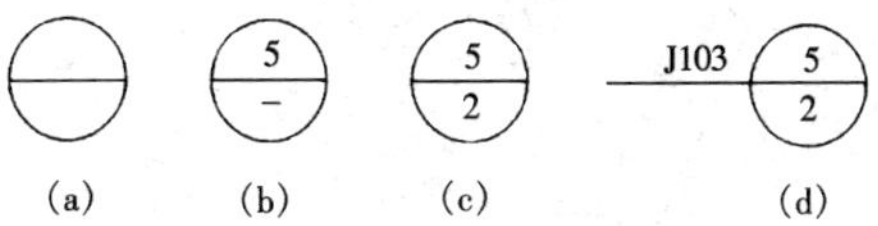


图 1-1　索引符号

所索引的详图，如在本张图纸上时，表示方法如图 1-1（b）所示。下面一小横表示在本张图上，上面 5 表示详图的编号为第 5 号详图。

所索引的详图，如不在本张图纸上时，表示方法如图 1-1（c）所示。下面 2 表示详图所在的图纸为第 2 张图，上面 5 表示详图的编号为第 5 号详图。

所索引的详图，如采用标准详图时，须在索引符号水平直径的延长线上加注该标准图的编号，如图 1-1（d）所示，为 J103 标准图集，查阅该图集的第 2 张图纸中的第 5 号详图。

详图的位置和编号，应以详图符号表示，详图符号的圆应以直径为 14 mm 粗实线绘制，详图应按下列规定编号：详图与被索引的图样同在一张图纸内时，应在详图符号内用阿拉伯数字注明详图的编号，如图 1-2 所示。详图与被索引的图样不在同一张图纸内，应用细实线在详图符号内画一水平直径，在上半圆中注明详图编号，在下半圆中注明被索引的图纸的编号，如图 1-3 所示。

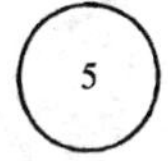


图 1-2　与被索引图样同在一张图纸内的详图符号

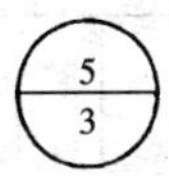


图 1-3　与被索引图样不在同一张图纸内的详图符号

局部剖面的详图索引符号，如图 1-4（a）、（b）、（c）、（d）所示，圆圈中所表示的含义与图 1-1 一样，并且应在被剖切的部位绘制剖切位置线，并以引出线引出索引符号，引出线所在一侧应为投射方向。

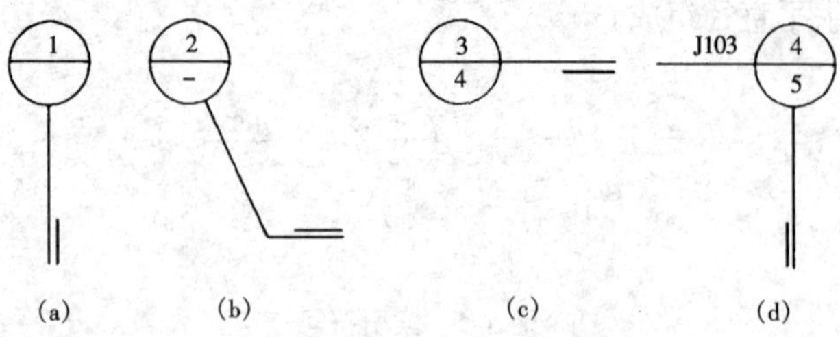


图 1-4　用于索引剖面详图的索引符号

（2）图例和符号：施工图中采用了不少图例与符号，简化了各类构造和材料。

表 1-1 为常用建筑材料图例：

表 1-1　常用建筑材料图例

| 序号 | 名称 | 图例 | 备注 |
|---|---|---|---|
| 1 | 自然土壤 | 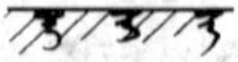  | 包括各种自然土壤 |
| 2 | 夯实土壤 |   |  |
| 3 | 砂、灰土 |   | 靠近轮廓线绘较密的点 |
| 4 | 砂砾石、碎砖三合土 | 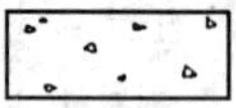  |  |
| 5 | 石材 | 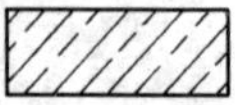  |  |
| 6 | 毛石 |   |  |
| 7 | 普通砖 | 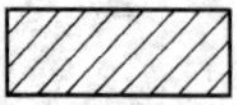  | 包括实心砖、多孔砖、砌块等砌体。断面较窄不易绘出图例线时，可涂红 |

| 序号 | 名称 | 图例 | 备注 |
|---|---|---|---|
| 8 | 耐火砖 | 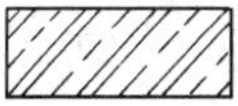 | 包括耐酸砖等砌体 |
| 9 | 空心砖 |  | 指非承重砖砌体 |
| 10 | 饰面砖 | 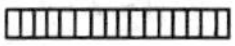 | 包括铺地砖、马赛克、陶瓷锦砖、人造大理石等 |
| 11 | 焦渣、矿渣 | 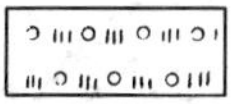 | 包括与水泥、石灰等混合而成的材料 |
| 12 | 混凝土 | 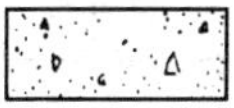 | （1）本图例指能承重的混凝土及钢筋混凝土；<br>（2）包括各种强度等级、骨料、添加剂的混凝土；<br>（3）在剖面图上画出钢筋时，不画图例线；<br>（4）断面图形小，不易画出图例线时，可涂黑 |
| 13 | 钢筋混凝土 |  | |
| 14 | 多孔材料 | 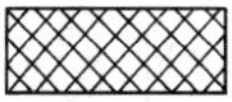 | 包括水泥珍珠岩、沥青珍珠岩、泡沫混凝土、非承重加气混凝土、软木、蛭石制品等 |
| 15 | 纤维材料 | 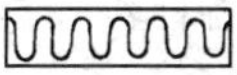 | 包括矿棉、岩棉、玻璃棉、麻丝、木丝板、纤维板等 |
| 16 | 泡沫塑料材料 | 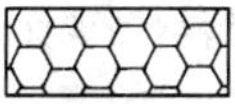 | 包括聚苯乙烯、聚乙烯、聚氨酯等多孔聚合物类材料 |
| 17 | 木材 |  | （1）上图为横断面，上左图为垫木、木砖或木龙骨；<br>（2）下图为纵断面 |
| 18 | 胶合板 |  | 应注明为×层胶合板 |

| 序号 | 名称 | 图例 | 备注 |
|---|---|---|---|
| 19 | 石膏板 | | 包括圆孔、方孔石膏板、防水石膏板等 |
| 20 | 金属 | | （1）包括各种金属；<br>（2）图形小时，可涂黑 |
| 21 | 网状材料 | | （1）包括金属、塑料网状材料；<br>（2）应注明具体材料名称 |
| 22 | 液体 | | 应注明具体液体名称 |
| 23 | 玻璃 | | 包括平板玻璃、磨砂玻璃、夹丝玻璃、钢化玻璃、中空玻璃、夹层玻璃、镀膜玻璃等 |
| 24 | 橡胶 | | |
| 25 | 塑料 | | 包括各种软、硬塑料及有机玻璃等 |
| 26 | 防水材料 | | 构造层次多或比例大时，采用上面图例 |
| 27 | 粉刷 | | 本图例采用较稀的点 |

注：序号 1、2、5、7、8、13、14、16、17、18、22、23 图例中的斜线、短斜线、交叉斜线等一律为 45°。

表 1-2 为总平面图例：

表 1-2　总平面图例

| 序号 | 名称 | 图例 | 备注 |
| --- | --- | --- | --- |
| 1 | 新建建筑物 |   | （1）需要时，可用▲表示出入口，可在图形内右上角用点数或数字表示层数；（2）建筑物外形（一般以±0.00 高度处的外墙定位轴线或外墙面线为准）用粗实线表示。需要时，地面以上建筑用中粗实线表示，地面以下建筑用细虚线表示 |
| 2 | 原有建筑物 | 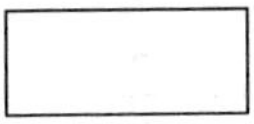  | 用细实线表示 |
| 3 | 计划扩建的预留地或建筑物 |  | 用中粗虚线表示 |
| 4 | 拆除的建筑物 | 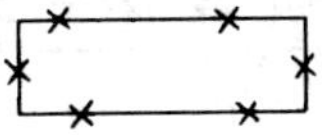  | 用细实线表示 |
| 5 | 建筑物下面的通道 | 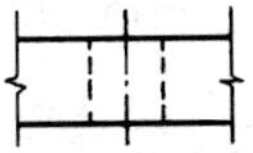  |  |
| 6 | 散状材料露天堆场 | 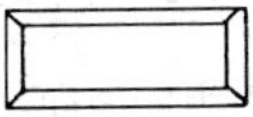  | 需要时可注明材料名称 |
| 7 | 其他材料露天堆场或露天作业场 | 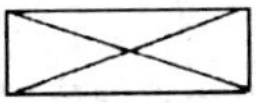  |  |
| 8 | 铺砌场地 | 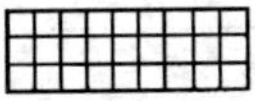  |  |
| 9 | 敞棚或敞廊 | 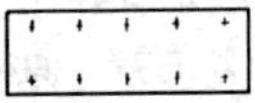  |  |
| 10 | 高架式料仓 |  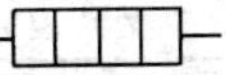  |  |

| 序号 | 名称 | 图例 | 备注 |
| --- | --- | --- | --- |
| 11 | 漏斗式贮仓 |  | 左、右图为底卸式<br>中图为侧卸式 |
| 12 | 冷却塔（池） | 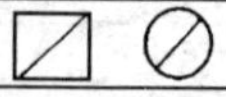 | 应注明冷却塔或冷却池 |
| 13 | 水塔、贮罐 | 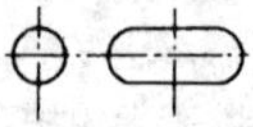 | 左图为水塔或立式贮罐<br>右图为卧式贮罐 |
| 14 | 水池、坑槽 |  | 也可以不涂黑 |
| 15 | 明溜矿槽（井） | 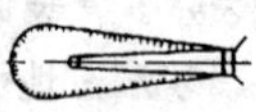 | |
| 16 | 斜井或平洞 | 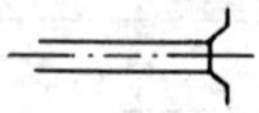 | |
| 17 | 烟囱 |  | 实线为烟囱下部直径，虚线为基础，必要时可注写烟囱高度和上、下口直径 |
| 18 | 围墙及大门 | 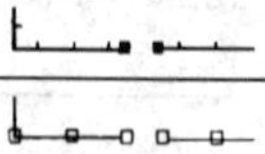 | 上图为实体性质的围墙，下图为通透性质的围墙，若仅表示围墙时不画大门 |
| 19 | 挡土墙 |  | 被挡土在“突出”的一侧 |
| 20 | 挡土墙上设围墙 |  | |
| 21 | 台阶 | 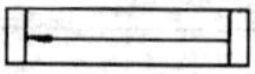 | 箭头指向表示向下 |
| 22 | 露天桥式起重机 | 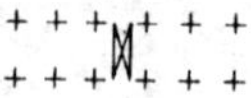 | “+”为柱子位置 |
| 23 | 露天电动葫芦 | 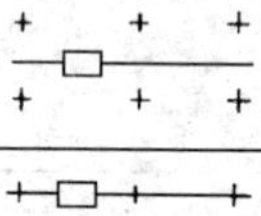 | “+”为支架位置 |
| 24 | 门式起重机 | 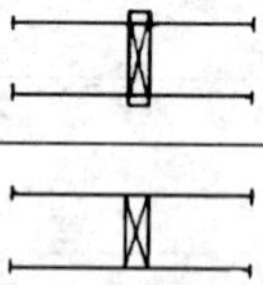 | 上图表示有外伸臂<br>下图表示无外伸臂 |
| 25 | 架空索道 |  | “I”为支架位置 |

| 序号 | 名称 | 图例 | 备注 |
| --- | --- | --- | --- |
| 26 | 斜坡卷扬机道 | | |
| 27 | 斜坡栈桥（皮带廊等） | | 细实线表示支架中心线位置 |
| 28 | 坐标 | X105.00 Y425.00<br>A105.00 B425.00 | 上图表示测量坐标<br>下图表示建筑坐标 |
| 29 | 方格网交叉点标高 | -0.50 77.85 78.35 | “78.35”为原地面标高<br>“77.85”为设计标高<br>“−0.50”为施工高度<br>“−”表示挖方（“+”表示填方） |
| 30 | 填方区、挖方区、未整平区及零点线 | + −<br>+ − | “+”表示填方区<br>“−”表示挖方区<br>中间为未整平区<br>点划线为零点线 |
| 31 | 填挖边坡 | | （1）边坡较长时，可在一端或两端局部表示；<br>（2）下边线为虚线时表示填方 |
| 32 | 护坡 | | |
| 33 | 分水脊线与谷线 | | 上图表示脊线<br>下图表示谷线 |
| 34 | 洪水淹没线 | | 阴影部分表示淹没区（可在底图背面涂红） |
| 35 | 地表排水方向 | | |
| 36 | 截水沟或排水沟 | 1 40.00 | “1”表示1%的沟底纵向坡度，“40.00”表示变坡点间距离，箭头表示水流方向 |

<table>
<tr><th>序号</th><th>名称</th><th>图例</th><th>备注</th></tr>
<tr><td rowspan="2">37</td><td rowspan="2">排水明沟</td><td> 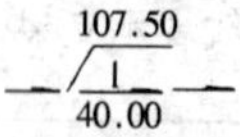107.50<br>1<br>40.00</td><td rowspan="2">（1）上图用于比例较大的图面，下图用于比例较小的图面；<br>（2）“1”表示 1%的沟底纵向坡度，“40.00”表示变坡点间距离，箭头表示水流方向；<br>（3）“107.50”表示沟底标高</td></tr>
<tr><td>107.50<br>1<br>40.00</td></tr>
<tr><td rowspan="2">38</td><td rowspan="2">铺砌的<br>排水明沟</td><td> 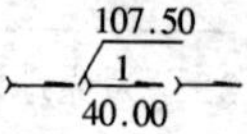107.50<br>1<br>40.00</td><td rowspan="2">（1）上图用于比例较大的图面，下图用于比例较小的图面；<br>（2）“1”表示 1%的沟底纵向坡度，“40.00”表示变坡点间距离，箭头表示水流方向；<br>（3）“107.50”表示沟底标高</td></tr>
<tr><td>107.50<br>1<br>40.00</td></tr>
<tr><td rowspan="2">39</td><td rowspan="2">有盖的<br>排水沟</td><td> 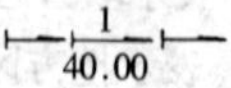1<br>40.00</td><td rowspan="2">（1）上图用于比例较大的图面，下图用于比例较小的图面；<br>（2）“1”表示 1%的沟底纵向坡度，“40.00”表示变坡点间距离，箭头表示水流方向</td></tr>
<tr><td>1<br>40.00</td></tr>
<tr><td>40</td><td>雨水口</td><td></td><td></td></tr>
<tr><td>41</td><td>消火栓井</td><td> </td><td></td></tr>
<tr><td>42</td><td>急流槽</td><td> </td><td rowspan="2">箭头表示水流方向</td></tr>
<tr><td>43</td><td>跌水</td><td></td></tr>
<tr><td>44</td><td>拦水（闸）坝</td><td> 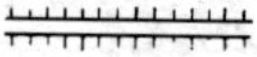</td><td></td></tr>
<tr><td>45</td><td>透水路堤</td><td> 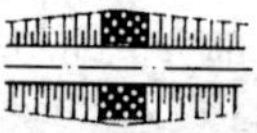</td><td>边坡较长时，可在一端或两端局部表示</td></tr>
<tr><td>46</td><td>过水路面</td><td> </td><td></td></tr>
<tr><td>47</td><td>室内标高</td><td> 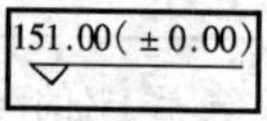151.00（±0.00）</td><td></td></tr>
<tr><td>48</td><td>室外标高</td><td>●143.00▼143.00</td><td>室外标高也可采用等高线表示</td></tr>
</table>

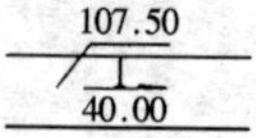

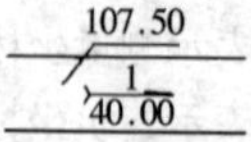

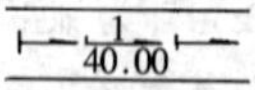

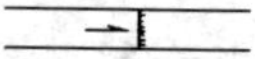

表 1-3 为常用构件代号：

表 1-3　常用构件代号

| 序号 | 名称 | 代号 | 序号 | 名称 | 代号 |
|---|---|---|---|---|---|
| 1 | 板 | B | 28 | 屋架 | WJ |
| 2 | 屋面板 | WB | 29 | 托架 | TJ |
| 3 | 空心板 | KB | 30 | 天窗架 | CJ |
| 4 | 槽形板 | CB | 31 | 框架 | KJ |
| 5 | 折板 | ZB | 32 | 刚架 | GJ |
| 6 | 密肋板 | MB | 33 | 支架 | ZJ |
| 7 | 楼梯板 | TB | 34 | 柱 | Z |
| 8 | 盖板或沟盖板 | GB | 35 | 框架柱 | KZ |
| 9 | 挡雨板或檐口板 | YB | 36 | 构造柱 | GZ |
| 10 | 吊车安全走道板 | DB | 37 | 承台 | CT |
| 11 | 墙板 | QB | 38 | 设备基础 | SJ |
| 12 | 天沟板 | TGB | 39 | 桩 | ZH |
| 13 | 梁 | L | 40 | 挡土墙 | DQ |
| 14 | 屋面梁 | WL | 41 | 地沟 | DG |
| 15 | 吊车梁 | DL | 42 | 柱间支撑 | ZC |
| 16 | 单轨吊车梁 | DDL | 43 | 垂直支撑 | CC |
| 17 | 轨道连接 | DGL | 44 | 水平支撑 | SC |
| 18 | 车挡 | CD | 45 | 梯 | T |
| 19 | 圈梁 | QL | 46 | 雨篷 | YP |
| 20 | 过梁 | GL | 47 | 阳台 | YT |
| 21 | 连系梁 | LL | 48 | 梁垫 | LD |
| 22 | 基础梁 | JL | 49 | 预埋件 | M- |
| 23 | 楼梯梁 | TL | 50 | 天窗端壁 | TD |
| 24 | 框架梁 | KL | 51 | 钢筋网 | W |
| 25 | 框支梁 | KZL | 52 | 钢筋骨架 | G |
| 26 | 屋面框架梁 | WKL | 53 | 基础 | J |
| 27 | 檩条 | LT | 54 | 暗柱 | AZ |

注：① 预制钢筋混凝土构件、现浇钢筋混凝土构件、钢构件和木构件，一般可直接采用本表中的构件代号。在绘图中，当需要区别上述构件的材料种类时，可在构件代号前加注材料代号，并在图纸中加以说明。

② 预应力钢筋混凝土构件的代号，应在构件代号前加注“Y-”，如 Y-DL 表示预应力钢筋混凝土吊车梁。

表 1-4 为钢筋分类表：

**表 1-4　钢筋分类表**

| 钢筋种类 | | 符号 |
|---|---|---|
| 热轧钢筋 | HPB235（Q235） | $\Phi$ |
| | HRB335（20MnSi） | $\Phi$ |
| | HRB400（20MnSiV、20MnSiNb、20MnTi） | $\Phi$ |
| | RRB400（K20MnSi） | $\Phi^{R}$ |
| 消除应力钢丝 | 光面 | $\Phi^{P}$ |
| | 螺旋肋 | $\Phi^{H}$ |
| | 刻痕 | $\Phi^{I}$ |
| 热处理钢筋 | $40Si_2Mn$ | $\Phi^{HT}$ |
| | $48Si_2Mn$ | $\Phi^{HT}$ |
| | $45Si_2Cr$ | $\Phi^{HT}$ |

表 1-5 为常用型钢的标注方法：

**表 1-5　常用型钢的标注方法**

| 序号 | 名称 | 截面 | 标注 | 说明 |
|---|---|---|---|---|
| 1 | 等边角钢 | | 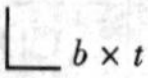 ∟ $b \times t$ | $b$ 为肢宽<br>$t$ 为肢厚 |
| 2 | 不等边角钢 |  B | 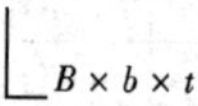 ∟ $B \times b \times t$ | $B$ 为长肢宽<br>$b$ 为短肢宽<br>$t$ 为肢厚 |
| 3 | 工字钢 |  | N　　Q N | 轻型工字钢加注 Q 字 N 工字钢的型号 |
| 4 | 槽钢 | | N　　Q N | 轻型槽钢加注 Q 字 N 槽钢的型号 |
| 5 | 方钢 | 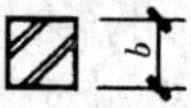 b | 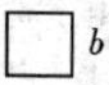 □ $b$ | |
| 6 | 扁钢 | 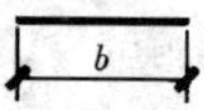 b | 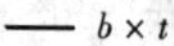 — $b \times t$ | |

| 序号 | 名称 | 截面 | 标注 | 说明 |
| --- | --- | --- | --- | --- |
| 7 | 钢板 | — | $\frac{-b\times t}{l}$ | $\frac{宽\times厚}{板长}$ |
| 8 | 圆钢 | | $\phi\ d$ | |
| 9 | 钢管 | ○ | $DN$××<br>$d\times t$ | 内径<br>外径×壁厚 |
| 10 | 薄壁方钢管 | □ | $B$□$b\times t$ | 薄壁型钢加注 B 字 $t$ 为壁厚 |
| 11 | 薄壁等肢角钢 | | $B$∟$b\times t$ | |
| 12 | 薄壁等肢卷边角钢 | | $B$ $b\times a\times t$ | |
| 13 | 薄壁槽钢 | | $B$ $h\times b\times t$ | |
| 14 | 薄壁卷边槽钢 | | $B$ $h\times b\times a\times t$ | |
| 15 | 薄壁卷边Z型钢 | | $B$ $h\times b\times a\times t$ | |
| 16 | T 型钢 | T | TW××<br>TM××<br>TN×× | TW 为宽翼缘 T 型钢<br>TM 为中翼缘 T 型钢<br>TN 为窄翼缘 T 型钢 |
| 17 | H 型钢 | H | HW××<br>HM××<br>HN×× | HW 为宽翼缘 H 型钢<br>HM 为中翼缘 H 型钢<br>HN 为窄翼缘 H 型钢 |
| 18 | 起重机钢轨 | | QU×× | 详细说明产品规格型号 |
| 19 | 轻轨及钢轨 | | ××kg/m 钢轨 | |

表 1-6 为螺栓、孔、电焊铆钉的表示方法。

表 1-6 螺栓、孔、电焊铆钉的表示方法

| 序号 | 名称 | 图例 | 说明 |
|---|---|---|---|
| 1 | 永久螺栓 | M / $\phi$ | ① 细“+”线表示定位线<br>② M 表示螺栓型号<br>③ $\phi$表示螺栓孔直径<br>④ $d$表示膨胀螺栓、电焊铆钉直径<br>⑤ 采用引出线标注螺栓时，横线上标注螺栓规格，横线下标注螺栓孔直径 |
| 2 | 高强螺栓 | M / $\phi$ | |
| 3 | 安装螺栓 | M / $\phi$ | |
| 4 | 胀锚螺栓 | $d$ | |
| 5 | 圆形螺栓孔 | $\phi$ | |
| 6 | 长圆形螺栓孔 | $\phi$ / $b$ | |
| 7 | 电焊铆钉 | $d$ | |

## 二、施工图的读图方法和步骤

### 1．读图的方法

当我们拿到一套施工图时，如果没有很好地掌握读图的方法，必然会东看一下，西翻一下，抓不住重点，分不清主次，找不到矛盾，甚至会把错误的东西看成是正确的，而对正确的东西还可能产生错误的理解，造成施工上的错误和损失。因此必须认真研究读图的方法，一般是：先粗后细，从大到小，建筑结构，相互对照。

同时，看图还必须掌握扎实的基本功，即掌握正投影的原理，熟悉构造知识和施工方法，了解结构的基本概念，才能正确读图。

### 2．读图的步骤

（1）清理图纸：当我们拿到一套图纸后，首先工作是认真清理图纸，其方法是根据图纸目录清查总共多少张，各类图纸分别为多少张，有无残缺或模糊不清的，应及时查明原因补齐图纸。涉及本工程有哪些标准构件图和配件图，是否齐全应及时配齐，供看图时查阅。

（2）粗看一遍：认真清理图纸后，可先粗略地看一遍，一般按图纸目录的先后次序，依次进行阅读，其目的是对本工程建立一个基本概念，了解工程的概况。本工程修建地点，建筑物周围地形，地貌和相互关系，建筑形式，建筑面积，层数，结构情况，建筑的主要特点和关键部位，应在思想上建立一般工程的基本形象。

（3）对照阅读：当对本工程已有基本了解之后，可以进行深入细致的阅读，一般是先看建筑施工图，然后是结构施工图，再看水、电、暖通等施工图纸。阅读中特别注意对照阅读，如平面图与立面图，平面图与剖面图对照起来，整体和详图对照起来，图形和文字说明对照起来，建筑和结构对照起来等。只有通过反复对照比较，才能深入找出问题和矛盾，以及还不理解的东西。看图中还应记忆重要的构造和尺寸，如开间、进深、轴线、层高等，看图中还可多与有关技术人员研究和分析。

同时在读图的整个过程中，应认真做好记录，也可用铅笔在图上打上记号，以便查阅，但严禁擅自修改设计。

### 3．阅读建筑施工图的方法

（1）看图名、比例、指北针和轴线编号。

（2）看外型、内部构造和结构形式，明确散水、雨水管、门窗、屋檐、台阶、阳台、烟囱等的形状及位置。

（3）看平面尺寸、标高及坡度。

（4）看剖切符号，明确剖切位置、形式。

（5）看索引符号。

### 4．阅读结构施工图的方法

（1）首先要查看说明，施工要求等。

（2）了解各种构件的代号及表示方法。

（3）查对楼层结构平面布置图与建筑平面图的关系是否正确，表示是否一致。

（4）看楼板的种类、型号、块数、梁的型号、位置及数量。

（5）查看板与墙的关系。

（6）查看各断面剖切位置与各断面图是否相符。

## 第二节　房屋构造

### 一、民用建筑构造

民用建筑构造是研究一般民用建筑各部分构造的类型、作用、要求、材料和构造方法的科学。因此，民用建筑构造是一门综合性的课程，它需要制图、识图、材料、构造等方面的知识，又与建筑结构、施工技术等课程有密切的联系。

### 1. 民用建筑的分类

民用建筑是供人们工作、学习、生活、文化娱乐、居住等方面活动的建筑物。

（1）按用途分：居住建筑和公共建筑。

居住建筑是供人们起居、学习、生活、休息的建筑；公共建筑则供人们工作、学习、进行各种文化、娱乐活动，以及各种福利设施等方面的建筑。

（2）按结构类型分：砖木结构、砖混结构、钢筋混凝土结构和钢结构。

砖木结构主要承重结构构件用砖、木构件。如砖柱、砖墙、木楼板、木屋架等。我国古代建筑和边远地区、林区较多采用，城市中较少采用。

砖混结构主要承重结构由多种材料构成。一般为砖墙、砖柱、钢筋混凝土楼板、屋面板或木屋架屋顶等组成。目前我国建筑大多数属于此类建筑。

钢筋混凝土结构主要承重结构构件为钢筋混凝土制成。如钢筋混凝土柱、梁、板、屋面，砖或其他材料只做围护墙等。目前国内多层或高层建筑大部分为此类结构。

钢结构主要结构构件为钢材制成。不少高层建筑和大跨度的影剧院、体育馆等采用此类结构。

### 2. 民用建筑的构造组成

一般的民用建筑是由基础、墙或柱、楼层、地层、楼梯、屋顶、门窗等六大部分所组成，如图 1-5 所示为一幢单身职工宿舍的剖切立体图，显示了一般民用建筑主要构件和配件。它们处在不同的部位，发挥各自的作用，组成完整的建筑。

（1）基础：基础是位于建筑物的承重构件，支承整个建筑物，并把荷载传给地基。

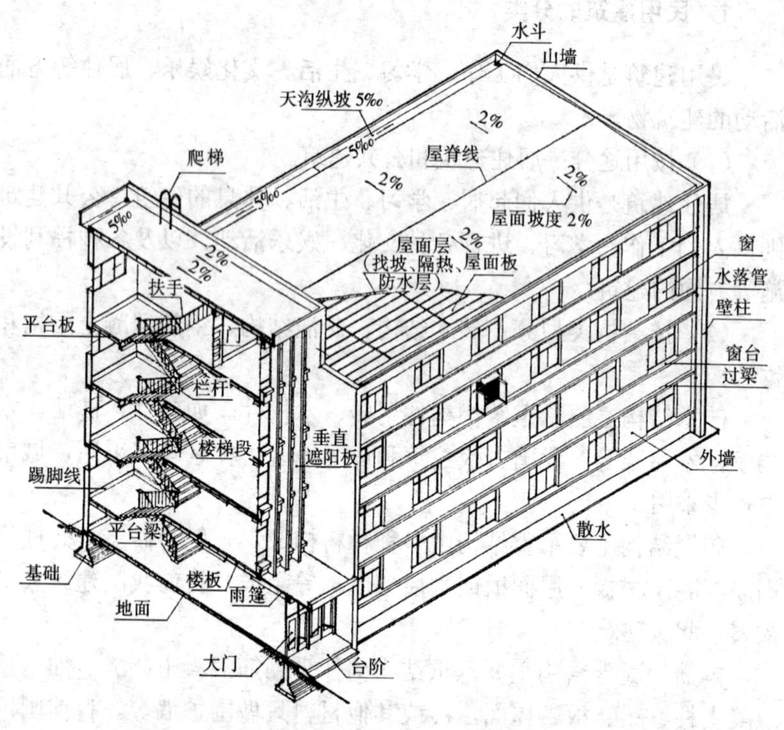


图 1-5　民用建筑的构造组成

（2）墙或柱：墙或柱是建筑物的承重构件，它承受屋顶、楼板传下来的各种荷载，并连同自重一起传给基础。墙还作为围护构件同时起着抵御自然界的侵袭，内墙起着分隔房间的作用。

（3）楼层、地层：楼层和地层是建筑中水平方向的承重构件。楼层主要作用是将建筑从高度方向分隔成若干层，楼层将楼面上的各种荷载传到墙上去。地层位于底层，将底层房间内的荷载直接传递到地基上去。

（4）楼梯：楼梯是多层建筑的主要垂直交通设施，供人们上下楼和紧急疏散之用。除楼梯之外，根据建筑功能需要，还可设置电梯、坡道、自动楼梯等垂直交通设施。

（5）屋顶：是建筑物最上部结构，屋顶是由屋面层和结构层两部分构成，屋面层用以抵御自然界雨、雪及太阳辐射等对建筑的影响。结构层则承受着屋顶全部荷载，并将荷载传递给墙或柱。

（6）门窗：门主要是供人们内外交通联系和分隔房间之用。窗则是起着室内通风和采光的作用。门窗均属围护结构的组成部分。

建筑各部分均由许多结构构件和建筑配件组成。因此，除了解上述主要构造之外，还应了解各种构配件的名称、作用和构造方法。如梁、过梁、圈梁、挑梁、梯梁、板、梯板、平台板、散水、明沟、勒脚、踢脚线、墙裙、檐沟、天沟、女儿墙、水斗、水落管、阳台、雨篷、顶棚、花格、凹廊、烟囱、通风道、垃圾道、卫生间、盥洗室等。

## 二、工业建筑构造

### 1. 工业建筑的分类

工业建筑是指从事工业生产和为生产服务的各类建筑物、构筑物。工业建筑是根据生产工艺流程和机械设备布置的要求而设计的，因此，在工厂企业中把这类工业厂房称为生产车间，而把生产附属设施，如烟囱、水塔、各种管道支架、运输通廊等称为构筑物。不同用途的生产车间和构筑物，组成一个完整的工业企业。

工业建筑就是为生产服务的，必须符合生产工艺流程，保证产品质量。同时工业建筑又是广大工人进行生产活动的场所，应具有良好的安全生产条件。

工业企业的类型很多，有：冶金工业，机械制造、电力、原子能、煤炭、石油化工、建筑材料和制品、轻纺、食品、无线电、仪表、手工业等。各种工业的工艺流程、生产设备和原材料、产品等都不一样，所要求的工业建筑也不一样，工业建筑大致可按下列几方面分类：

（1）按工业建筑的用途分：

1）生产车间：为企业的主要车间，生产各种成品或半成品，如金工车间、铸造车间、装配车间等。

2）辅助车间：为生产服务的车间，如机修、工具、模型车间等。

3）动力设施：供生产用的动力来源，如发电站、变电所、锅炉房、煤气发生站、空气压缩机房等。

4）材料仓库：储备生产用的原材料、燃料、备用设备、零配件、半成品或成品等。

5）行政建筑：工业企业的行政，生活服务建筑。如办公楼、中心实验室、技术研究所、食堂、医务所、托儿所、消防站、车库、技工学校等。

（2）按工业建筑的层数分：

单层工业厂房：这种厂房在工业建筑中应用较广泛，因为这种厂房的生产工艺和运输线路较容易组织，多用于重工业和机械工业，如图 1-6 中的（a）、（b）、（c）、（d）所示。

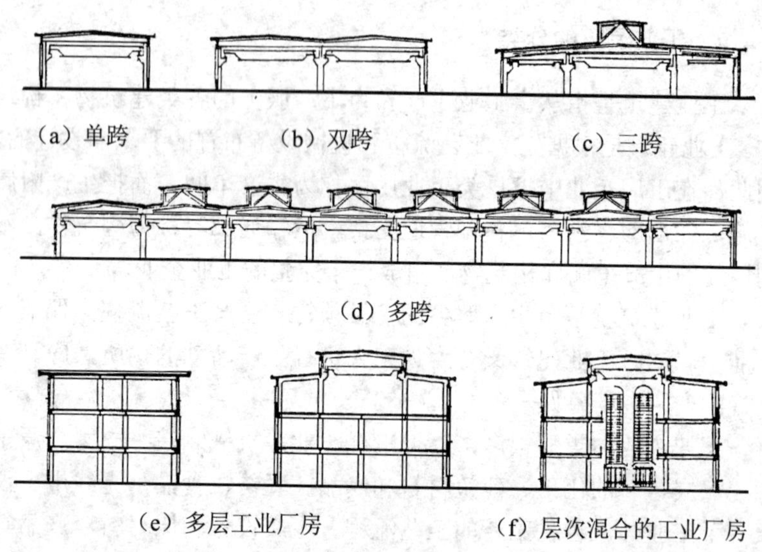


图 1-6　工业厂房的形式

多层工业厂房：常用于轻纺工业、仪表工业、电子工业、食品工业等，这种厂房的设备和产品重量轻，适合垂直运输，如图 1-6（e）

所示。

层数混合的工业厂房：在一些化工企业中常用这种厂房，如图1-6（f）所示。

（3）按工业建筑的跨数分：

1）单跨工业厂房：这种厂房宽度较小，依靠两侧窗采光，自然通风，在重工业中的一些车间常采用。

2）双跨工业厂房：两跨并在一起组成一个车间，可等跨等高，也可不等跨不等高。不少车间采用此种形式，将辅助工段设在低跨中。

3）多跨工业厂房：这种厂房连成一片，采用天窗采光和通风，也可人工采光和空调组织通风，多用于自动化生产流水线，如汽车制造厂、纺织厂等。

（4）按生产状况分：

1）热加工车间：生产过程产品加工须在高温下进行，产生大量废热和废气，如铸造车间、锻压车间、热处理车间等。

2）冷加工车间：按在常温下进行产品生产的车间，如金工车间、装配车间、机械修理车间等。

3）恒温、恒湿、无尘、洁净车间：指产品生产要求在温度、湿度、空气净化、无菌等条件下进行。如药品车间、电视机显像管车间、量具和刃具制造车间、电子计算机房等均有特殊的要求。

### 2. 单层工业厂房的结构组成

在工业建筑中，支承各种荷载作用的构件所组成的骨架，通常称为结构。单层工业厂房按结构组成有两种类型，即墙承重结构和骨架承重结构。

（1）墙承重结构：外墙采用砖墙、砖柱的承重结构，它的构造简单、造价经济、施工方便。但由于砖的强度低，只适用于厂房跨度不大、高度不高和吊车荷载较小或没有吊车的中、小型厂房。

（2）骨架承重结构：是由钢筋混凝土构件组成骨架承重，如图1-7所示。厂房的骨架由基础、柱、屋架、天窗架、屋面板、基础梁、吊车梁、连系梁和支撑系统等构件组成。墙体仅成为围护构件。

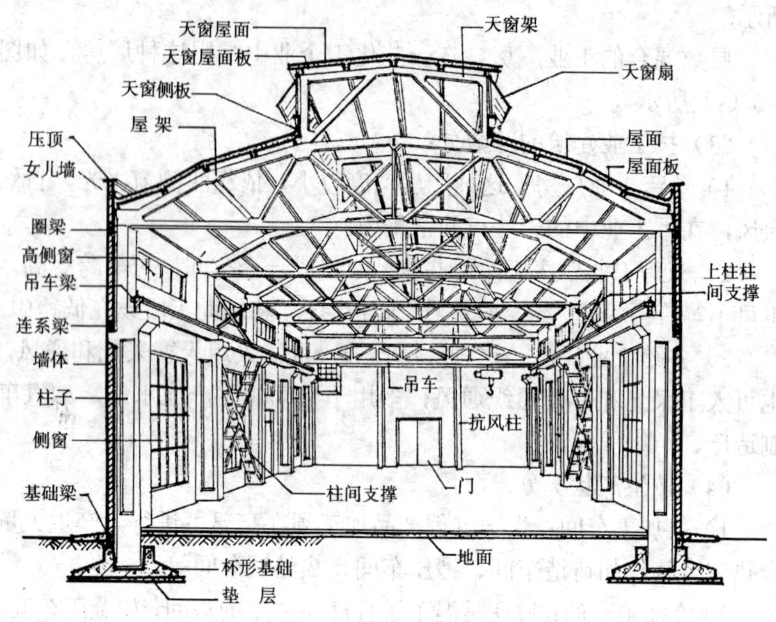


图 1-7　单层工业厂房组成

单层工业厂房构件受力情况如下：

1）屋面板：直接承受屋面上的恒载和活载，并把它们传递给屋架。

2）屋架：承受屋盖上全部荷载，并将力传递给柱子，为了屋架的稳定和传递水平荷载，在屋架之间设置屋面支撑系统。

3）柱子：承受屋架、吊车梁、外墙和支撑传来的荷载，并把它传给基础。

4）吊车梁：承受吊车荷载和吊车自重并传递给柱子。

5）墙体：承受风荷载，并把它传给柱子和基础梁。

6）连系梁：承受外墙重量，并把它传给柱子和基础。

7）基础梁：承受外墙重量，并把它传给基础。

8）基础：承受柱和基础梁传来的荷载，并把它传给地基。

9）天窗架：有天窗的屋面设置天窗架，承受天窗架以上屋面板及屋面荷载，并将它传给屋架。

10）抗风柱：承受山墙传来的风荷载，并把它传给屋盖和基础。

厂房传力系统示意如图 1-8 所示。

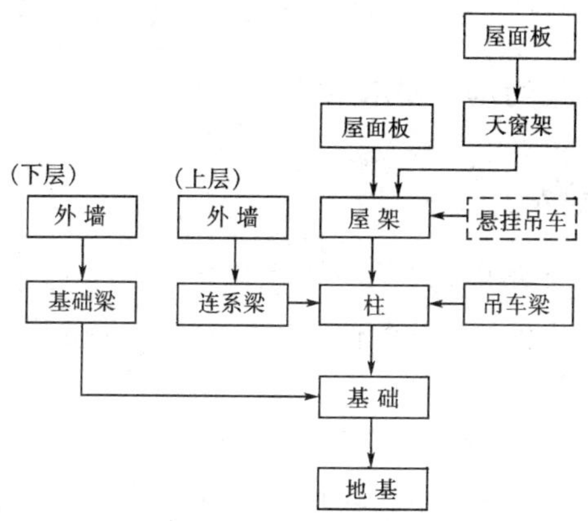


图 1-8 厂房传力系统示意图

## 第三节 脚手架初步

### 一、建筑脚手架的作用分类

#### 1. 作用

在建筑施工中，脚手架占有特别重要的地位，选择与使用的合适与否，不但直接影响施工作业的顺利和安全进行，而且也关系到工程质量、施工进度和企业经济效益的提高。它是建筑施工技术措施中最重要的环节之一。

#### 2. 分类

脚手架的种类很多。按用途分有砌筑脚手架、装修脚手架和支撑（负荷）脚手架；按搭设位置分有外脚手架、里脚手架；按使用材料分有木脚手架、竹脚手架和金属脚手架；按构造形式分为落地式脚手架和升降式脚手架，其中落地式脚手架分为门式、多立杆式、扣件式和碗扣式脚手架，升降式分为桥式、挂式、吊篮式和挑出式脚手架。另外还有适用于层间作业的工具式里脚手架。

## 二、脚手架的基本要求

### 1. 使用要求

1）确保脚手架应具有稳定的结构和足够的承载力，在施工期间脚手架在允许荷载和气候条件作用下，不产生变形、倾斜和摇晃，要确保施工人员的人身安全。

2）架子地基应平整夯实或做基础，并抄平加设垫木或垫板，不得在未经处理、起伏不平和软硬不一的地面上直接搭设脚手架。

3）有适当的宽度（或面积）、步架高度、离墙距离，能满足工人操作、材料堆置和运输的需要。

4）搭设、拆除和搬运方便，能长期周转使用，搭设进度能满足施工安排的需要。

5）脚手架搭设构造要简单，装拆要方便，并能多次周转使用。

6）搭设脚手架要因地制宜，就地取材，尽量节约材料，保护环境。

7）搭设脚手架所用的材料规格、质量和构造，必须符合安全技术操作规程。

8）要注意落地式脚手架的绑扎扣和螺栓的拧紧程度，桥式架的节点质量，吊、挂式架的挑梁、挑架、吊架、挂架、挂钩和吊索的质量，必须符合规定和质量要求。

9）脚手架要有足够和牢固的连墙点，以保证整个脚手架的稳定。

10）脚手架要铺满、铺稳，不能有空头板。

11）落地式单排脚手架要按规定留设脚手眼。

12）垂直运输架的缆风应按规定拉好，并且锚固牢靠，与楼层或作业面高度相适应，以确保材料垂直运输的需要。

13）应考虑多层作业，交叉流水作业和多工种作业的要求，减少多次搭拆。

## 2. 安全要求

1）把好材料、加工和产品质量关，加强对架设工具的管理和维修保养工作，避免使用质量不合格的架设工具和材料。对高大异形的脚手架，应报上级审批后才能搭设。

2）脚手架在搭设前，必须制定施工方案和进行安全技术交底。

3）架设工具材料的规格和质量必须符合有关技术规定的要求，自行加工的架设工具必须符合设计要求，并经试验检验合格后才能使用。对于安全网和安全带每半年必须进行一次荷载试验。

4）作业层的外侧面应设挡板围栅或安全网，在架高方向按规定设置多层挑出式安全网，在 2m 以上的高度作业时，必须佩戴安全带。所用的钎子应拴 2m 长的钎子绳。安全带必须与已绑好的立、横杆挂牢，不得挂在铅丝扣或其他不牢固的地方。

5）6 级以上大风、大雾、大雨和大雪天气下应暂停在脚手架上作业，雨雪后上架操作要有防滑措施。

6）立杆前应先挖埋杆坑，深度应不小于 500mm，遇有土质松软或不能埋杆时，应加绑扫地杆，凡井字架、烟囱架等独立承重脚手架必须加绑扫地杆。立杆根部要有防雨措施，防止积水后下沉。立杆时，必须 2～3 人配合操作。

7）顺水杆应绑在立杆里侧，绑第一步顺水杆时，必须检查立杆是否立正，绑至四步时，必须绑临时压栏子和临时十字盖。在进行顺水杆绑扎时，必须有 3 人配合操作，由中间一人接杆、放平，由大头至小头顺序绑扎。

8）十字盖杆件不能蹩绑，应贴在立杆上，十字盖下桩杆应选用粗壮较大的杉篙，由下方人员找好角度后再由上方人员依次绑扎，十字盖上桩杆子应大头朝上，顶着立杆绑在顺水杆上。

9）两杆连接，其有效搭接长度不得小于 1.5 m，两杆搭接处，绑扎应不少与三道铅丝。杉篙大头必须绑在十字交叉节点上，相邻两杆的大头搭接点必须互相错开，水平及斜向接杆，小头应压在大头上边，双抱杆的连接杆，应使接头互相均匀错开。钢管立杆应用接头卡子对头连接。

10）在脚手架上同时进行多层作业的情况下，各作业层之间应设置可靠的防护棚档，以防止上层坠物伤及下层作业人员。

11）在递杆、拔杆时，上下左右操作人员应密切配合，协调一致。拔杆人员应注意不得碰撞上方人员和已绑好的杆件，下方递杆人员应在上方人员接住杆件后方可松手，并要躲离其垂直操作距离 3 m 以外。使用人力吊料，大绳必须坚固，并严禁在垂直下方 3 m 以内拉大绳吊料。使用机械吊运时，应设天地轮，天地轮必须加固，应遵守机械吊装安全操作规程，吊运杉篙、钢管等物应绑扎牢固，接料平台外侧不准站人，接料人员应等起重机械停车后再接料、摘铃、解绑绳。

12）绑扎排木、铺脚手板时，排木必须按规定要求间距放正绑牢。排水和脚手板不平处只许垫木块，不许垫砖块等易碎物。铺脚手板要严密、牢固，搭接板端压过 150 mm，严禁留 150 mm 以上的探头板。脚手板翻板后，下面要留一层脚手板作为防护层。不铺板时，排木的间距不得大于 3 m。

13）遇到两杆交叉处必须绑扣。杉篙上的铅丝扣不得过松或过紧，应使四根铅丝敷实均匀受力，拧扣以一扣半到两扣为宜，并将铅丝末端弯贴在杉篙外皮，不得外翘。钢管的管卡不得拧得过紧或过松。

14）未搭设完的脚手架，非架子起重工一律不准上架。脚手架搭设完后。由施工负责人会同架子起重工班长及使用脚手架工种的技术、安全等有关人员共同进行验收，认为合格，办理交接验收后方可使用。使用中的脚手架必须保持完整，禁止随意拆、动脚手架或挪用脚手板；必须拆改时，应经施工负责人批准，由架子起重工负责拆改。

15）所有脚手架，经过大风、大雨后，要进行检查，如发现倾斜、下沉、松扣和崩扣等现象要及时修理。

16）在雷雨季节，所搭设的井字架等独立脚手架，高度超过 15 m 时，必须安装避雷针，其接地电阻不大于 10 Ω 。

17）各种非标准脚手架，跨度过大、负载过重等特殊脚手架，必须要经过设计、计算、试验和鉴定，认为合格，并经过上级技术部门批准后方可使用。

18）在钢管脚手架上安装照明灯时，电线不得接触脚手架，并要做绝缘处理。

### 3. 脚手架的维护与管理

1）使用完毕的脚手架应及时回收入库，分类存放，露天堆放时，场地应平整，排水良好，下设支垫，并用毡布遮盖，配件零件应存放在室内。

2）凡弯曲、变形的杆件应先调直，损坏的构配件应先修复，方能入库存放，否则应更换。

3）要定期对脚手架的构配件进行除锈，防锈处理，凡湿度较大的地区（大于 75%）每年应涂刷防锈漆一次，一般应两年涂刷一次，扣件要涂油，螺栓宜镀锌防锈，凡没有条件镀锌时，应在每次使用后用煤油洗涤，再涂上机油防锈。

4）工具式脚手架在拆除后需要及时进行维修保护，并配套存放。

5）脚手架使用的扣件、螺母、垫板、插销等小配件及易丢失，在支搭时应将多余件及时回收存放，在拆除时亦应及时验收，不得乱扔乱放。

6）建立健全脚手架工具材料的领发、回收、检查、维修制度，按照谁使用，谁维修，谁管理的原则，实行限额领用或租赁方法，以减少丢失和损耗。

### 复习思考题

1. 建筑施工图分为几类？阅读图纸须注意什么？
2. 结构施工图分为几类？阅读图纸须注意什么？
3. 详图索引标志有何规定？

4. 民用房屋按使用功能分为几类？它们分别由哪些部分组成？
5. 工业建筑如何分类？单层工业厂房由哪几部分组成？
6. 脚手架分为几类？
7. 脚手架的基本使用要求有哪些？
8. 脚手架的维护和管理有哪些注意事项？

# 第二章　落地式脚手架

## 第一节　木、竹脚手架的搭设和拆除

### 一、使用材料

（1）木、竹脚手架是由木杆或竹杆用铅丝、麻绳、棕绳或竹篾绑扎而成。

（2）杉篙：以扒皮杉篙和其他坚韧的圆木为标准，禁止使用杨木、柳木、椴木、油松和其他有腐朽、拆裂和枯节的木材。

（3）标准的立杆、顺水杆、压栏子和十字盖的杆长为 4～10 m，其小头有效直径不得小于 80 mm。

（4）排木的长度以 2～3 m 为标准，其小头直径不得小于 90 mm。

（5）高度不超过 5 m 的脚手架允许用硬杂木做立杆，但其小头有效直径不得小于 100 mm。

（6）竹杆应用生长 3 年以上的毛竹（楠竹），禁止使用青嫩、枯黄、黑斑、虫蛀以及裂纹连通两节以上的竹杆。

（7）木脚手架一般用 8 号铅丝绑扎，某些受力不大的地方也可使用 10 号铅丝。

（8）竹篾用水竹或慈竹劈成，要求质地新鲜，坚韧带青，厚度 6～8 mm，宽度 50 mm。禁用断腰、大节疤和受潮发霉的竹篾。使用前要提前一天用水浸泡。

### 二、基本构造和要求

木、竹脚手架按搭设形式可分为单排、双排和多排脚手架，如

图 2-1 所示。但竹脚手架一般不宜搭单排。其主要杆件有：

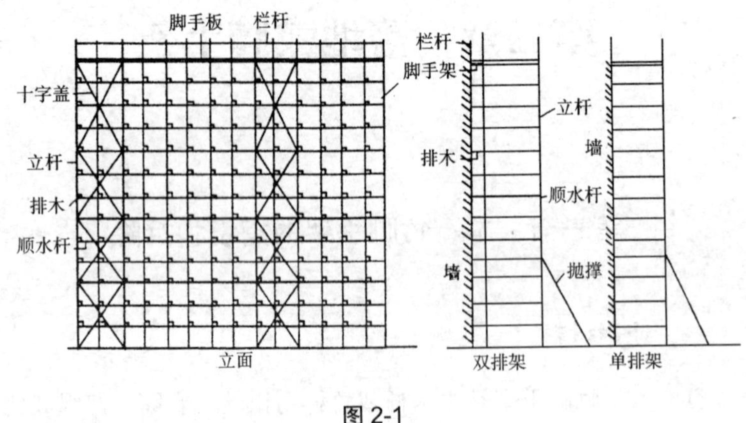


图 2-1

（1）立杆：脚手架主要的受力构件，必须按照安全技术操作规程的要求设立，其纵向间距不得大于 1.8 m；与墙距离：双排脚手架的外排立杆为 1.8～2 m，里排立杆为 0.5 m，单排脚手架的立杆为 1.2～1.5 m。

（2）顺水杆：又叫大横杆，应将其小头压大头绑扎在立杆的里侧，结构脚手架顺水杆之间每步架高不得超过 1.4 m，装修脚手架顺水杆每步架高不得超过 1.8 m。搭接长度：木杆不小于 1 m，竹杆应跨两根立杆并不小于 2 m，绑扎不小于 3 道，接头位置要上下里外错开。

（3）排木：又叫小横杆。排木压绑在顺水杆上，其间距不得大于 1 m，双排脚手架排木的里端头距墙面 50～150 mm，外端头伸出顺水杆不小于 300 mm，单排脚手架的排木搁进墙内长度不得小于 240 mm。

（4）十字盖：又叫剪刀撑。其绑扎在立杆的外侧，主要作用是增强脚手架的纵向稳定性和整体性，宽度占有两个跨间，要从下至上连续设置，杆子的交叉点应绑在立杆或横杆上。十字盖的宽度不得大于 7 根立杆的宽度或 15 m，与地面的水平夹角为 45°～60°。

（5）压栏子：又叫斜撑。主要作用是增强脚手架侧平面的稳定性，防止脚手架向外倾斜，压栏子要设在两道十字盖之间，其间距不得大于 7 根立杆宽，与地面夹角为 60°，对于三步以上的脚手架再其中间再绑设一道反压栏子，以增加压栏子的强度。

（6）连墙点：架高大于 7 m 不便设压栏子时，则应设置连墙点，使架子与建筑物牢固连接，竖向每隔 3 步，纵向每隔 5 跨设置一个连墙点。

（7）护身栏与挡脚板：对于 2 m 以上的脚手架，每步架子都要绑一道护身栏和高度为 180 mm 的挡脚板。

（8）脚手架顶端的要求：当脚手架搭设到收顶时，里排立杆应低于檐口 400～500 mm，如果是平屋顶，立杆必须超过女儿墙 1 m；如果是坡屋顶，立杆必须超过檐口 1.5 m。并且从最上层脚手板到立杆顶端要绑两道护身栏和立挂安全网，安全网的下口必须封绑牢固，以保证人身安全。

## 三、绑扎方法

### 1. 绑扎工具的要求

杉篙脚手架一般都用 8 号铅丝绑扎，也可用直径为 4 mm 的退火钢丝绑扎。铅丝的断料长度应根据绑扎杉篙的粗细和部位来定，一般的断料长度为 1.4～1.6 m，并将铅丝从中间弯折成如图 2-2（1）所示的形状，其鼻孔直径一般为 15 mm 左右。如图 2-2（2）所示为常用铁钎形状。竹脚手架用竹篾绑扎。

### 2. 绑扎方法

杉篙脚手架一般有三种绑扎方法：平插法、斜插法和顺扣绑扎法。

（1）平插法：用于绑扎立杆和顺水杆。首先将顺水杆用铅丝卡住，从立杆的右边插过去，再从立杆的左边拉过来，同时用钎子插进鼻孔，用左手拉紧铅丝，使其压在鼻孔下，右手用力将钎子拧一圈半到两圈，即可绑扎牢固，如图 2-3 所示。

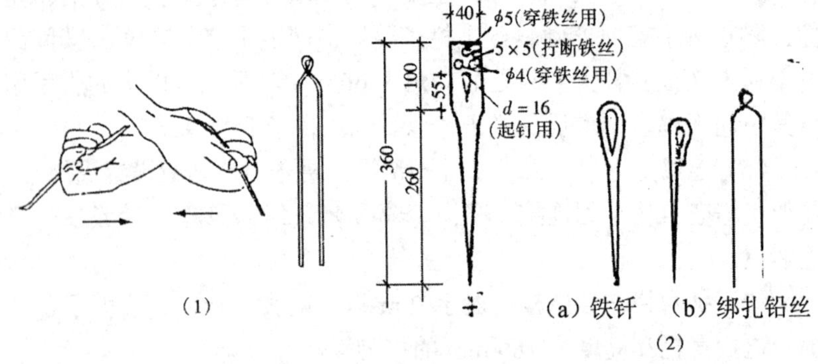


图 2-2 铁钎及绑扎铅丝形状

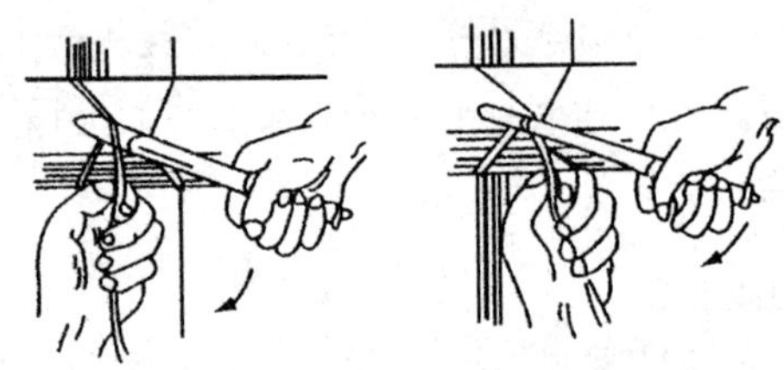

图 2-3

（2）斜插法：又叫十字扣。就是先用铅丝卡住顺水杆，然后从立杆和顺水杆的交角处插过去，分别从立杆的左边和右边拉过来，同时将钎子插入鼻孔，左手拉紧铅丝，并使其压在鼻孔下，右手将钎子用力拧一圈半到两圈，就可以绑扎牢固，如图 2-4 所示。

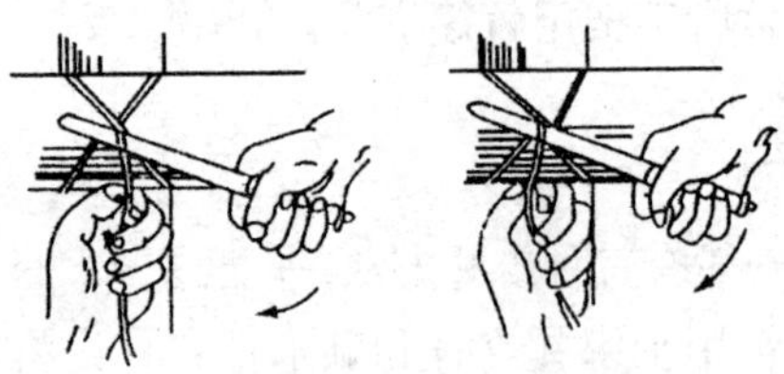

图 2-4

（3）顺扣绑扎法：用于立杆和顺水杆的接长，十字盖与立杆的相交处和排木与顺水杆的相交处。绑扎时将铅丝兜绕一圈后，随即将钎子插入鼻孔中，左手拉紧铅丝，并使其压在鼻孔下，右手用力将钎子拧一圈半到两圈，即可绑扎牢固，如图 2-5 所示。

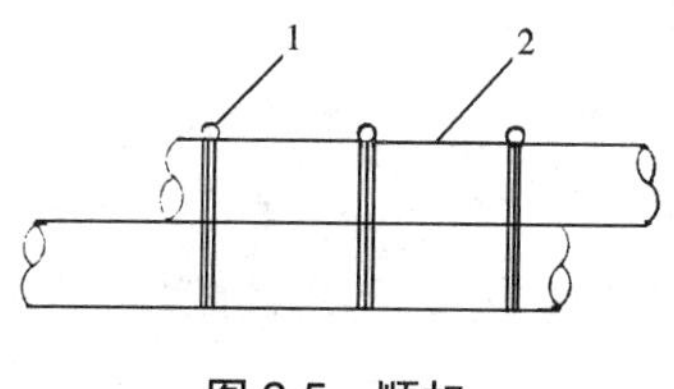


图 2-5　顺扣

1—镀锌铁丝；2—木杆

竹脚手架常采用竹篾绑扎。在立杆与大横杆，小横杆的相交处，宜绑相对角的两个扣，十字盖，斜撑与立杆相交处仅绑一个扣。三根杆子相交时，不能同时绑三根，应每两根一绑，采用三箍绑扎法，在杆件相交处，绑扎篾口时要注意杆件的翘向，采用翘篾绑扎法，竹篾每缠绕两圈必须收紧一次，每扣应用双篾缠绕 4～6 圈。

## 四、搭设双排脚手架的操作工艺

### 1．操作程序

准备工作→根据建筑物形状放立杆位置线→开挖立杆坑→竖立杆→绑扎顺水杆→绑扎排木→支绑斜撑→绑十字盖→铺脚手板→绑压栏子→绑护身栏→封顶挂安全网。

### 2．准备工作

（1）按照脚手架的构造要求和用料规格选择材料，并运至搭设现场分类堆放。宜把头大粗壮者做立杆，直径均匀，杆身顺直者做横杆，稍有弯曲者做斜杆，以便在搭设时随时取用。

（2）根据脚手架的工程量，按料单领取 8 号铅丝或竹篾，并按照绑扎方法和要求处理绑扎铅丝或竹篾，并运至搭设现场。

### 3．放立杆线与挖坑

（1）放线：根据建筑物的形状和脚手架的构造要求放线。按照立杆的间距要求，点好中心线。

（2）挖立杆坑：根据点好的立杆中心线用铁锹挖坑，坑底要稍大于坑口，其深度不小于 500 mm，直径不小于 100 mm，坑挖好后先将坑底夯实，再用碎砖块或石块将坑底填平，以防止下沉。

### 4．竖立杆与绑扎顺水杆

（1）竖立杆的操作方法和要求：搭设双排脚手架时，要先竖里排立杆，后竖外排立杆，每排立杆要先将两端的立杆竖起，并将纵横方向校垂直，把杆坑填实，然后再竖中间立杆，同样再把中间立杆校垂直后，将立杆坑填实。竖其他立杆时，均以这三根杆为标准穿看整齐。

（2）配合操作：竖立杆时，一般由 3 人配合操作，具体的竖杆方法是：一人将立杆大头对准坑口，另一个人用铁锹挡住立杆根部，并用右脚用力向坑内蹬住立杆根部，再一人将杆件抬起抗在肩上，然后与站在坑口的人互相倒换，双手将杆件竖起落入坑内，一人双手扶住立杆，并穿着校正垂直，两人回填夯实立杆，并将根部做成土墩，以放积水。所有立杆均按此法顺序竖立。

竖立杆时应注意：如果杆件有弯时，应将其弯曲部分弯向纵向，不得弯向里边或外边，其次长短立杆要搭配错开使用，避免在同一个水平上接长立杆，也不允许相邻两立杆在同一步内接长。

如果地面较硬无法挖坑时，立杆可以直接立在地面上，但必须绑扎扫地杆，如图 2-6 所示。

（3）绑扎顺水杆的方法和要求：竖完立杆后，就可以绑扎顺水杆。绑扎顺水杆时，一般需要 4 人互相配合操作，具体分工是：3 人负责绑扎，1 人负责递料和校正、找平。绑扎第一步顺水杆时，先要查看每根立杆是否垂直，如有偏差，要先校正好，然后 3 人同时拿起顺水杆绑扎，绑扎时必须听从找平人的指挥，并注意绑扎时不要用力过猛拉铅丝，以免将立杆拉歪。

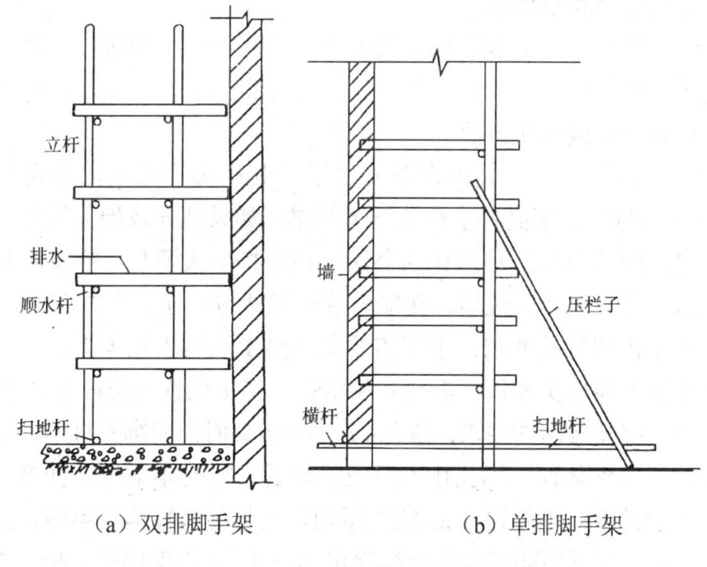

（a）双排脚手架　　（b）单排脚手架

图 2-6

绑扎第二步顺水杆时，注意上架子动作要轻巧，避免将立杆拉歪，绑扎时必须相互配合好，而且精神要集中。在递杆件时，应将小头递给脚手架的中间人，在上面接住杉篙后，再顺势往上递送。递送时不可用力过猛，否则容易将脚手架上的人推下去，发生安全事故，因此，上下动作必须协调一致，等到下面人的手够不着时，脚手架上两端的人要注意中间人拔杆，等中间人将杆件挑平时，就立即拉住杆件两头，勾住，等下面找平人发出信号后，马上绑扎，其他顺水杆依此法顺序绑扎。

绑扎时必须注意：如果立杆有弯势时，绑扎顺水杆时应将立杆的弯势调直，顺水杆也要长短搭接使用，接长时要上下、左右错开一步架和一个立杆间距，不允许在同一步架内或同一个立杆间距内接长。

如果顺水杆有弯，应将凸面向上，不得将弯势面向里或向外绑扎，否则容易使脚手架里出外进，立面不平整。

在绑扎顺水杆的同时，应绑扎好一定数量的排木，使脚手架有一定的稳定性和整体性。

（4）绑扎十字盖和压栏子的要求：绑扎到三步架时，必须绑扎压栏子和十字盖。三步以下要用临时支撑将脚手架撑住，防止脚手架向外倾斜造成倒塌事故。

在三步架以上，必须设置压栏子，其底脚埋入土内不得小于300 mm，每三步架高要求绑扎一道马梁。如果地面较硬无法埋深或支撑时，应采取绑扎扫地杆的办法，扫地杆一头要与压栏子底脚绑扎牢固，另一端要穿过墙，在墙内放一横杆与扫地杆绑扎牢固。

十字盖的绑扎要求：十字盖要从下至上连续绑扎牢固，上下两对十字盖不能顶头相接，而要互相搭接，搭接位置应赶在立杆处。

（5）绑扎排木的要求：绑扎到 2～3 步架时，应绑扎排木，以增强脚手架的整体性，绑扎排木时应将靠近立杆的排木与立杆绑扎牢固，其余排木以不超过 1 m 的间距均匀地与顺水杆绑扎牢固。排木绑扎好后，根据需要和脚手板数量可铺设 1～2 步架的脚手板，脚手板应交替使用。

（6）封顶的方法和要求：脚手架应紧跟砌筑层往上搭设，到封顶时，最顶上的立杆应大头向上，里排立杆距檐口不小于 500 mm。

### 5．设连墙杆和八字撑的方法和要求

（1）设置连墙杆的方法和要求：当脚手架较高无法再绑扎压栏子时，可以采取设置连墙杆的方法解决脚手架的稳定问题，以保证脚手架不向外倾斜和倒塌。设置连墙杆的方法有四种，如图 2-7 所示。

第一种方法：将连墙杆一头顶住墙面，并用 8 号铅丝绕过立杆与墙上的预埋吊环绑扎牢固。

第二种方法：将连墙杆一头穿过墙，然后在墙的里外两侧用两只扣件紧固。

第三种方法：利用门窗洞口，将连墙杆件插入墙内，再用两根长于洞口的杉篙，从墙的里、外侧与连墙杆绑扎牢固。

第四种方法：与第三种方法雷同。

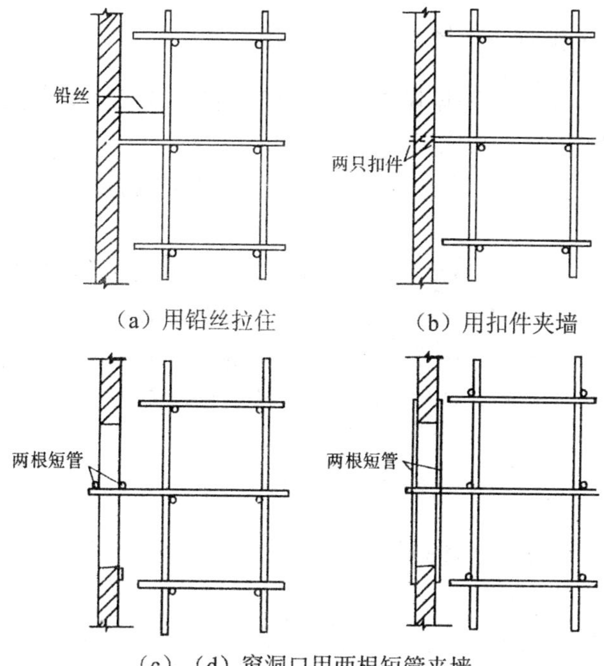


**图 2-7　连墙杆与墙的连接**

（2）设置八字撑的方法和要求：当脚手架遇到门洞通道时，为了不影响通行和运输，应将立杆从第二步顺水杆起绑扎，同时需要在通道的两侧加设八字撑。八字撑一般应与地面成 60° 夹角，而且应与立杆和顺水杆绑扎牢固，使顺水杆的荷载通过八字撑传递到地面，如图 2-8 所示。

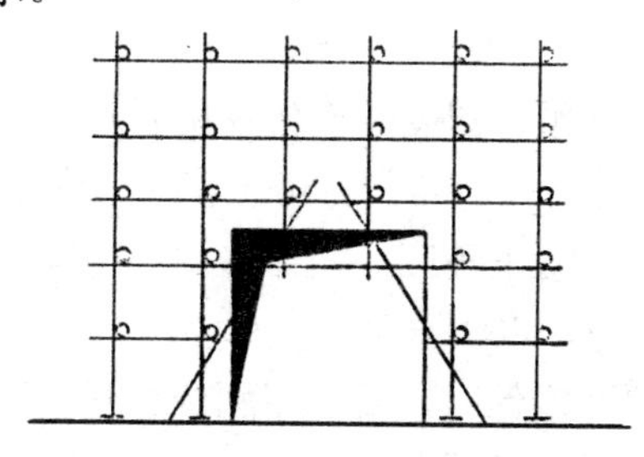

**图 2-8　门洞和过道脚手架构造**

## 五、单排脚手架搭设的操作工艺要点

单排脚手架的搭设操作工艺顺序和要点与双排脚手架基本相同，但有以下几点特殊要求：

（1）在土筑墙、空斗墙、空心砖墙、1/2 砖墙和砖柱上下不得搁排木。

（2）在砖过梁上及与过梁成 60° 的三角范围内不得搁排木。

（3）在宽度小于 1 m 的窗间墙上不得搁排木。

（4）在梁或梁垫下及其左右各 500 mm 范围内不得安放排木。

（5）在门窗洞口两侧 3/4 砖长或墙角转角处 1.75 砖长的范围内不得搁排木。

（6）在设计规定不允许安放排木的部位不得安放排木。

## 六、脚手架拆除的操作程序、要求和注意事项

### 1. 操作程序

严格遵守拆除顺序，由上而下，后绑者先拆，先绑者后拆，一般是先拆顶部立柱的安全网，再拆护栏、脚手板、剪刀撑，而后拆排木、连墙杆、顺水杆、立杆和压栏子。

### 2. 拆除的要求和注意事项

（1）划出工作区标志，禁止行人进入。

（2）拆除工作至少需要四人配合操作，其中三人在脚手架上拆除，另一人在下面负责指挥和安全。

（3）拆除人员必须按照安全操作规程要求，穿工作服、防滑软底鞋、戴安全帽、挂好安全带，方可上脚手架作业。

（4）统一指挥，上下呼应，动作协调，当解开与另一人有关的结构时应先告知对方，以防坠落。

（5）三人在解开铅丝时，要互相配合、互相呼应、同时解扣或按顺序解扣。解扣时都必须拿住杉篙不放手，待扣都解开后，由中

间一人负责向下顺杆将其滑落。

（6）拆下的杆件，特别是立杆和顺水杆，不得随意乱扔，必须由中间一人负责顺杆滑落，顺杆滑落时，一定要将杉篙的大头朝下，用手抓住小头慢慢向下送杆，待下面人接住后方能松手，如果架子较高不便用手顺杆滑落时，可以用麻绳将杉篙两头绑住，由两人负责落杆，落杆时一人先落使杆件稍垂直或稍有坡度。待杆件落地时，等下面人解开绳后再往上收绳。

（7）在拆除压栏子时，要特别注意先在适当的位置绑扎好临时支撑，然后再拆除压栏子。

（8）材料工具要用滑轮和绳索运送，不得乱扔。要派人及时清理和搬运，将杉篙搬运到指定地点堆放整齐。

（9）拆除竹脚手架时，操作人员必须要挂安全带。

（10）因竹杆弹性较大，拆除时一定要大头朝下，顺杆滑落。

## 第二节　扣件式钢管脚手架的搭设和拆除

扣件式钢管脚手架由钢管和扣件组成，其特点是：装拆方便，搭设灵活，能适应建筑平立面的变化，除用于搭设多、高层房屋的施工用脚手架外还可以搭设井架、上料平台架、栈桥等，承载力大，能搭设较大高度，经济耐用，它是我国目前使用最为普通的脚手架品种。

### 一、材料的规格和要求

扣件式钢管脚手架的主要构件有：立杆、顺水杆（纵向水平杆）、排木（横向水平杆）、十字盖和底座等。

#### 1．杆件

各种杆件应优先采用外径 48 mm，壁厚 3.5 mm 的焊接钢管，用于立杆，顺水杆和十字盖的钢管长度以 4～6.5 m 为好，这样的长度一般重 25kg 以内，适合人工操作。用于排木的钢管长度为 2.0～

2.2 m，以适应脚手架的宽度。

## 2．扣件（图 2-9）

（1）直角扣件（十字扣）：用于两根呈垂直交叉钢管的连接。

（2）旋转扣件（回转扣）：用于两根呈任意角度交叉钢管的连接。

（3）对接扣件（一字扣）：用于两根钢管对接连接。

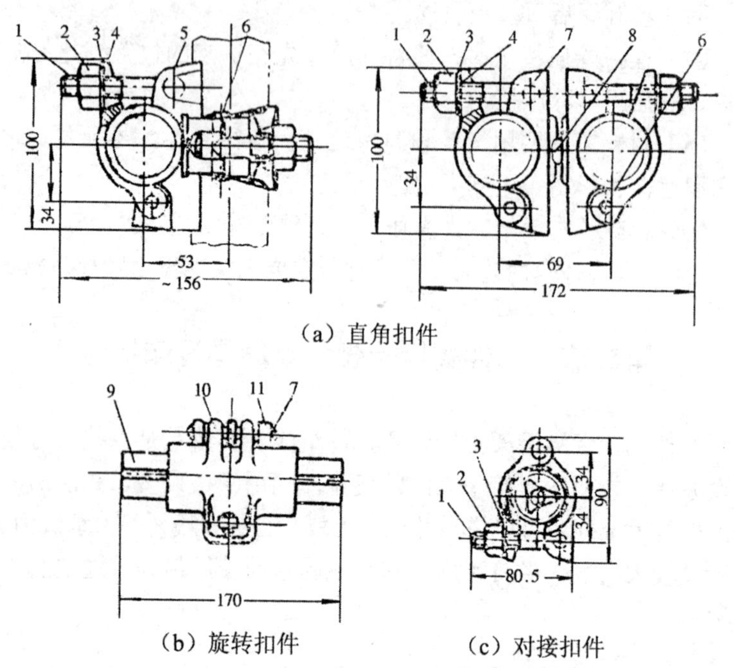


（a）直角扣件

（b）旋转扣件

（c）对接扣件

**图 2-9　可锻铸造扣件**

1—螺栓；2—螺母；3—垫圈；4—盖板；5—直角座；6—铆钉；7—旋转座；8—中心铆钉；9—杆芯；10—对接座；11—对接盖

## 3．底座

扣件式钢管脚手架的底座用于承受脚手架立柱传递下来的荷载，一般用可锻铸铁制造，也可用厚 8 mm，边长 150 mm 的钢板作底板，外径 60 mm，壁厚 3.5 mm，长 150 mm 的钢管作套筒焊接而成，如图 2-10 所示。

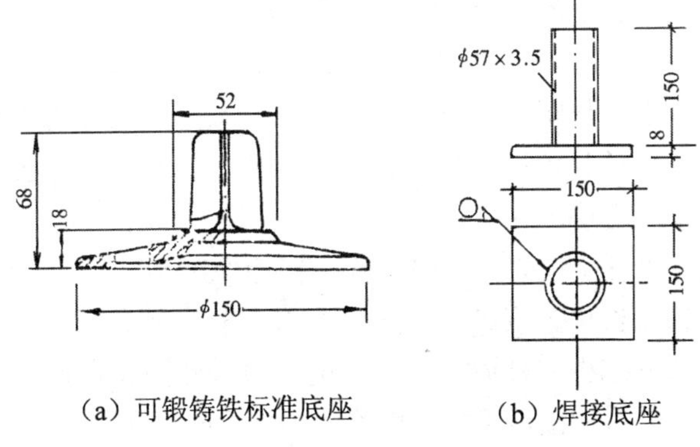


（a）可锻铸铁标准底座　　（b）焊接底座

**图 2-10　底座**

## 二、分类和构造要求

### 1．分类

扣件式钢管脚手架可用于搭设外脚手架，里脚手架，满堂脚手架和支撑架，外脚手架有单排和双排之分，如图 2-11 所示。

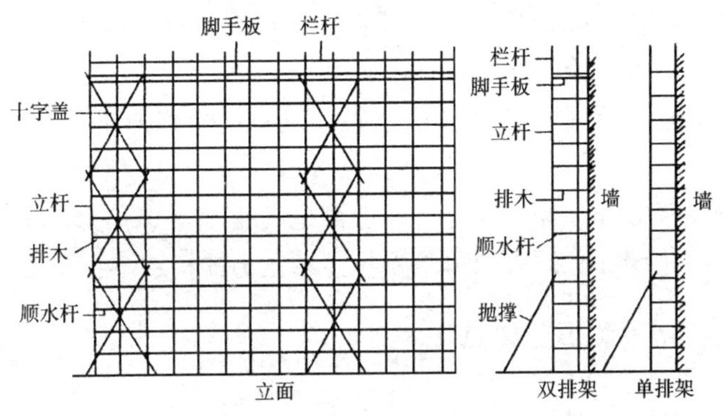


**图 2-11**

## 2．构造要求

（1）每根立杆底部应设置底座或垫板。立杆横向间距 1～1.5 m，纵向间距 1～2 m，与顺水杆必须用直角扣件扣紧，不得隔步设置或遗漏，单排立杆与墙间距为 1～1.2 m。必须用连墙件与建筑物可靠连接。立杆接长除顶层顶部可采用搭接外，其余各层各部接头必须采用对接扣件连接。

（2）顺水杆步架为 1.2～1.8 m，砌筑脚手架不宜大于 1.5 m，上下顺水杆的接长位置应错开布置，相邻步架的顺水杆应分设在立杆里外两侧，以减少立杆偏心受载情况。顺水杆接长宜采用对接扣件连接，也可采用搭接，搭接长度不应小于 1 m。

（3）排木应贴近立杆布置，搭于顺水杆之上并用直角扣件扣紧。主节点处必须设置一根排木，用直角扣件扣接且严禁拆除。

（4）双排脚手架应设十字盖与横向斜撑，单排脚手架应设十字盖。十字盖应设在脚手架两端和转角处，高度在 24 m 以下的单排、双排脚手架，间隔 12～15 m，沿架高应连续设置；高度在 24 m 以上的双排脚手架应在外侧立面整个长度和高度上连续设置十字盖。

（5）每层都要设连墙点，垂直距离不大于 4 m，水平距离 4.5～6 m。

（6）压栏子间距为 6 根立杆宽，并与地面成夹角 45°～60°，在下脚处加垫木块或金属板。

（7）在铺脚手板的操作层上必须设护栏和挡脚板，栏高 0.3～1 m。

（8）竖立杆不需挖立杆坑，但需垫底座。

（9）连墙件必须采用可承受拉力和压力的构造。

# 三、搭设和拆除要点

## 1．搭设顺序

做好准备工作→铺垫木→安底座→装扫地杆→竖立杆→安装顺

水杆→安装排木→装压栏子→设十字盖→安装连墙杆→铺脚手板→装护栏和挡脚板→立挂安全网。

### 2．地基处理

扣件式钢管脚手架搭设前，应清理建筑物周围的障碍物和杂物，平整好搭设现场，夯实基土。当脚手架基础下有设备基础、管沟时，在脚手架使用过程中不应开挖，否则必须采取加固措施。脚手架底座地面标高宜高于自然地坪 50 mm。

### 3．铺放垫木和安放底座

垫木必须铺放平稳，不得悬空，安放底座时按柱距、排距要求进行放线、定位摆放后加以固定，双立杆脚手架应使用双杆底座或加设 10 号槽钢，将立杆焊于槽钢上。

### 4．竖立杆装顺水杆

在垫板和底座放好安装扫地杆后，就可以竖立杆，脚手架必须配合施工进度搭设，一次搭设高度不应超过相邻连墙件以上两步。首先将立杆插入底座底端，竖立杆需要两人配合，一人拿起立杆，将一头顶在底座处，另一人用左脚将立杆底端踩住再用左手扶住立杆，右手帮助用力将立杆竖起，待立杆竖起后再插入底座内。一人不松手继续扶住立杆，另一人再拿起顺水杆与立杆绑扎（用直角扣件和立杆连接住）。要求里、外排立杆要同时竖立，在与顺水杆扣住后，接着就将排木按间距要求与顺水杆连接扣住。然后绑上临时压栏子（抛撑）。在第一步架搭设时，最好有 6～8 人配合操作。

在连接各杆件时，必须有一人负责校正立杆的垂直度和顺水杆的平直度。立杆的垂直偏差控制在 1/200 以内，如 6 m 长的立杆，其垂直偏差不得大于 30 mm。

在端头的立杆校正后，以后所竖的立杆就以该杆为标准穿看即可。其他立杆顺水杆、排木的连接均按上述操作要点进行即可。

5．脚手脚的封顶

扣件式钢管脚手架与杉篙脚手架的封顶方法基本相同，所不同的是，里排立杆低于檐口的距离不得小于 150～200 mm。

6．拆除的操作程序和工艺要求

（1）操作程序：与搭设时的顺序相反：先搭的后拆，后搭的先拆。即：安全网→护栏和挡脚板→脚手板→连墙杆→十字盖→压栏子→排木→顺水杆→立杆→连墙杆→十字盖→压栏子。

（2）操作工艺要点：拆除钢管脚手架至少需要 5～8 人配合操作，其中，3 人在脚手架上拆除，2 人在下面配合，1 人指挥，1 人负责拆除区域的安全，另外 2～3 人负责清运钢管。

对脚手架进行拆除的 3 人必须听从指挥，统一思想，相互配合。顺水杆一般要先松开两端，后松中间，在中间扣件松开时，两端的人可以托住杆件，防止杆件在拆除时掉落，从事拆除操作的人员必须挂好安全带，戴安全帽，穿工作服和防滑软底鞋。

所有拆下的杆件和扣件不得随意往下扔，以免损坏杆件和扣件，甚至伤人。拆下的扣件要放到工具袋内，用绳子顺下去。当脚手架较高时，拆下的杆件也必须用绳子顺下去。

拆除连墙杆和压栏子时，必须事先筹划好，不得随意乱拆，以免造成倒塌事故。

禁止非拆除人员进入拆架区，最好用绳子将拆架区围住，并有专人负责看管。如果其他人员必须进入时，必须先与拆除人员联系，经同意后，方可进入。

7．搭拆中的注意事项

（1）按照规定的构造方案和尺寸进行搭设。

（2）及时与主体拉结或采用临时支顶，以确保安全。

（3）装螺栓时应注意将根部放正和保持适当的拧紧程度，拧得过松结构不牢，而拧得过紧会使扣件和螺栓断裂发生事故，扭力矩应控制在40～50N·m，操作人员应经常练习，达到能够熟练掌握好扭矩大小的效果。

（4）变形的杆件和不合格的扣件不能使用。

（5）搭拆工人必须佩挂安全带。

（6）随时校正杆件垂直和水平偏差，避免误差过大。

（7）没有完成的脚手架，收工时要确保架子稳定，以免发生意外。

（8）为提高脚手架料具的利用率，钢管和扣件要加强保管和维护，及时刷漆涂油以防锈蚀，但扣件内不准涂油。

（9）用于连接顺水杆的对接扣件，开口应朝架子内侧，螺栓向上，避免开口向上，以防雨水进入。

## 四、检查与验收

（1）新钢管、扣件应有产品质量合格证。表面应平直光滑，不应有裂缝、结疤、分层、错位、硬弯、毛刺、压痕和深的划道，另外钢管必须涂有防锈漆。

（2）旧扣件使用前应进行质量检查，有裂缝、变形的严禁使用，出现滑丝的螺栓必须更换。并应进行防锈处理。

（3）脚手架使用中，应定期检查下列项目：

1）杆件的设置和连接，连墙件、支撑、门洞行架等的构造是否符合要求。

2）地基是否积水，底座是否松动，立杆是否悬空。

3）扣件螺栓是否松动。

4）安全防护措施是否符合要求。

5）是否超载。

## 五、安全事项

（1）在脚手架使用期间，严禁拆除下列杆件：

1）主节点处的顺水杆、排木以及纵、横向扫地杆。

2）连墙件。

（2）进行安全技术操作规程交底：在搭、拆脚手架之前，必须由工人或班组长，对参加操作人员进行搭、拆方案和安全技术交底，对关键部位要作详细的交底，使全体人员都能明确要求，做到心中有数。

（3）穿戴好防护用具和听从指挥：所有操作人员进入现场均必须穿工作服和防滑鞋，戴好安全帽，系好安全带。听从指挥人员的指挥。

（4）中途不准换人：在搭、拆脚手架时，中途不准换人。如果中途非要调换操作人员不可，应对调换人员作详细的交底后方可进行操作，否则一旦出了安全事故，应追究其责任。

（5）参加操作人员应严守操作规程：所有操作人员，一律不准酒后操作。操作时必须思想集中，不准说笑、打闹或擅自离开操作岗位。

## 第三节　门式钢管脚手架的搭设和拆除

门式钢管脚手架，也称为框架组合式脚手架，是至今在国际上应用最为普遍的脚手架之一，它已形成系列产品，结构合理，品种齐全，各种配件多达 20 多种，可以用来搭设各种用途的脚手架，也可用于垂直运输的井字架。

这种脚手架的搭设高度一般限制在 45 m 以内，采用一定措施后可以达到 60 m。

### 一、构造情况和主要部件

#### 1. 基本结构和主要部件

门式钢管脚手架由门式框架、剪刀撑和水平架或脚手板构成基本单元，将基本单元相互连接起来并增加梯子、栏杆等部件构成整片脚手架，如图 2-12 所示。脚手架的部件大致分为三类：

（1）基本单元部分：包括门式框架、剪刀撑和水平架。

门架是此类脚手架的主要部件，有多种不同形式，标准型是最基本的形式，其宽度为 1.219 m，高度为 1.7 m，门架的重量，当使用高强薄壁钢管时为 13～16kg，使用普通钢管时为 20～25kg，门架之间的连接，在垂直方向使用连接棒和锁具，在脚手架纵向使用剪刀撑，在架顶水平面使用水平架或脚手板，剪刀撑和水平架的规格根据门架的间距来选择一般多采用 1.8 m。门架立杆离墙面净距不宜大于 150 mm；大于 150 mm 时应采取内挑架板或其他离口防护的安全措施。

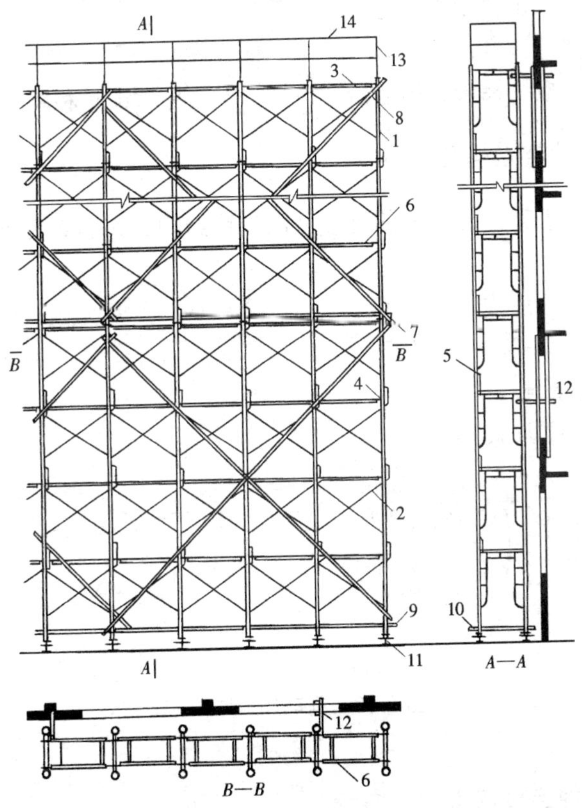


**图 2-12 门式钢管脚手架组成**

1—门架；2—交叉支撑；3—挂扣式脚手板；4—连接棒；5—锁臂；6—水平架；7—水平加固杆；8—剪刀撑；9—扫地杆；10—封口杆；11—可调底座；12—连墙杆；13—栏杆柱；14—栏杆扶手

（2）底座和托座：

1）底座有三种：可调底座可调高 200～550 mm，主要用于支模架以适应不同模高的需要，脱模时可方便地将架子降下来，用于外脚手架时能适应不平的地面，可用其将各门架顶部调节到同一水平面上，简易底座只起支撑作用，无调高功能，使用它时要求地面平整，带脚轮底座多用于操作平台，以满足移动需要。

2）托座有平板和 U 型两种，置于门架竖杆的上端，多带有丝杠以调节高度，主要用于支模。

（3）其他部件：

有脚手板、梯子、扣墙器、栏杆、连接棒、锁具和脚手板托架。

## 2．自锚连接构造

门式脚手架部件之间的连接采用自锚结构。如图 2-13 所示，主要形式为：

（1）制动片式。

（2）滑片式。

（3）弹片式。

（4）偏重片式。

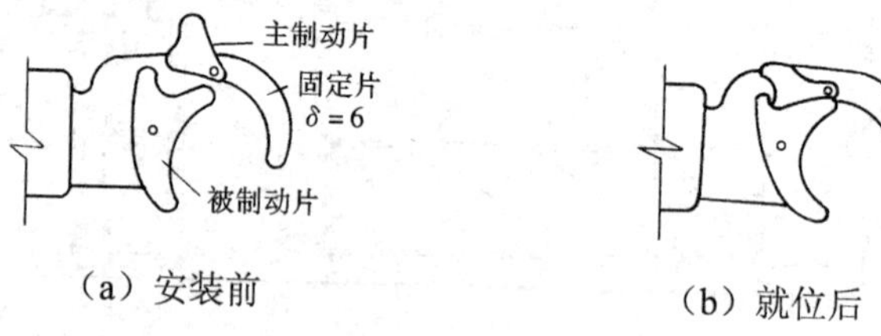


（a）安装前　（b）就位后

**图 2-13　制动片式挂扣**

## 3．其他连接构造

栈桥梁端与门架连接用架侧环，栈桥梁与其他的连接用架座，栈桥梁与门架竖杆之间的拉杆用卡扣。

## 二、搭设技术要求和注意事项

### 1. 基底处理

应确保地基有足够的承载力，在脚手架荷载作用下，不发生塌陷和显著的不均匀沉降，为确保脚手架的构造和使用要求，必须采取以下三项措施：

（1）基底必须严格压实抄平，当基底处于较深的填土层之上或者架高超过 40 m 时，应加做厚度不小于 400 mm 的灰土层或厚度不小于 200 mm 的钢筋混凝土基础梁（沿纵向），其他再加设垫木或垫板。

（2）严格控制第一步的架顶面的标高，其误差不能大于 5 mm。

（3）在脚手架的下部加设通常的顺水杆，并不少于 3 步，且内外侧均须加设。

### 2. 搭设顺序

铺放垫木→拉线、放底座→立门架并装剪刀撑→装水平架或脚手板→装梯子→设连墙杆→装上剪力撑→装顶部栏杆。

### 3. 注意事项

（1）严格控制首层门架的垂直度和水平度，随后在门架的顶部和底部用顺水杆和扫地杆加以固定。

（2）接门架时上下竖杆之间要对齐，对中的偏差不宜大于 3 mm。

（3）及时装设连墙杆以避免架子横向发生偏差。

（4）不配套的门架与配件不得混合使用于同一脚手架。

### 4. 确保脚手架的整体刚度

（1）门架之间必须设置剪刀撑和水平架（或脚手板），其间连接应可靠。

（2）因进行作业需要临时拆除，脚手架内侧剪刀撑时，应先在该层里侧上部加设顺水杆，以后再拆除，剪刀撑，作业完毕后应立即将剪刀撑重新装上，并将顺水杆移到上或下一层作业。

（3）整片脚手架必须适量加设水平加固杆，前三层要每层设置，三层以上则每隔三层设置一道。

（4）在架子外侧面设置通高剪刀撑，其宽度为 4～8 m，与地面夹角为 45°～60°。

（5）使用连墙件将脚手架与主体结构紧密连接，连墙杆最大间距，垂直方向为 6 m，水平方向为 8 m，高层加密，低层则适当减少，如图 2-14 所示。

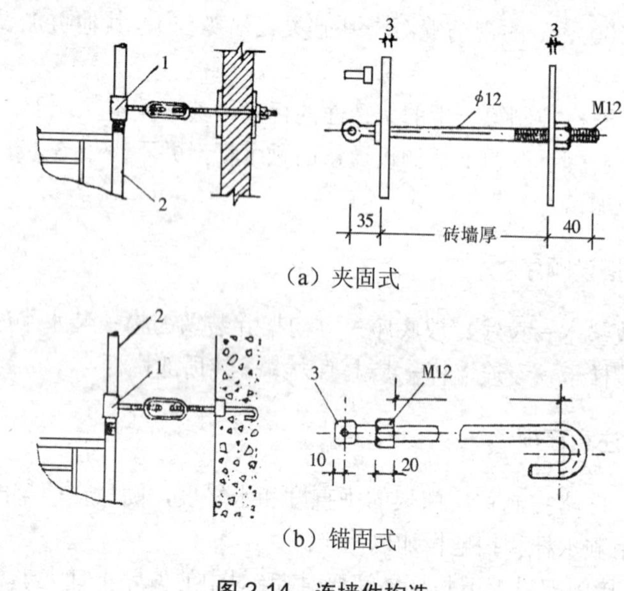


图 2-14　连墙件构造

1—专用扣件；2—立杆；3—接头螺钉

（6）做好脚手架的拐角处理，拐角处理必须与墙面拉结牢固，以确保脚手架的整体性，如图 2-15 所示。

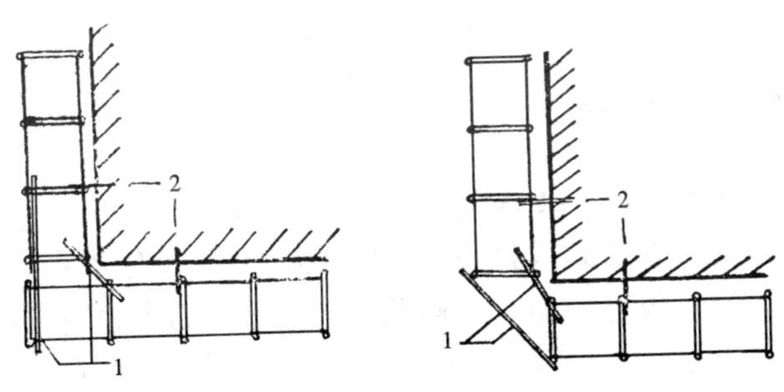


**图 2-15 转角处脚手架连接构造**

1—连接钢管；2—连墙件

### 5．脚手架的拆除

（1）脚手架经单位工程负责人检查验证并确认不再需要时，方可拆除。

（2）拆除脚手架前，应清除脚手架上的材料、工具和杂物。

（3）脚手架的拆除应在统一指挥下，按后装先拆、先装后拆的顺序进行，应从一端走向另一端、自上而下逐层拆除。

（4）同一层的构配件和加固件应按先上后下、先外后里的顺序进行，最后拆除连墙件。

（5）在拆除过程中，脚手架的自由悬臂高度不得超过两步，当必须超过两步时，应加设临时拉结。

（6）连墙杆、通长水平杆和十字盖等，必须在脚手架拆卸到相关的门架时方可拆除。

（7）工人必须站在临时设置的脚手板上进行拆卸作业，并按规定使用安全防护用品。

（8）拆除工作中，严禁使用铁锤等硬物击打、撬挖，拆下的连接棒应放入袋内，锁臂应先传递至地面并放室内堆存。

（9）拆卸连接部件时，应先将锁座上的锁板与卡钩上的锁片旋转至开启位置，然后开始拆除，不得硬拉，严禁敲击。

（10）拆下的门架、钢管与配件，应成捆用机械吊运或由井架传送至地面，防止碰撞，严禁抛掷。

### 6. 脚手架的验收

（1）高度在 20 m 及 20 m 以下的脚手架，应由单位工程负责人组织技术安全人员进行检查验收。高度大于 20 m 的脚手架，应由上一级技术负责人随工程进行分阶段组织单位负责人及有关技术人员进行检查验收。

（2）脚手架工程的验收，除查验有关文件外，还应进行现场检查，检查应着重以下各项，并记入施工验收报告。

构配件和加固件是否齐全，质量是否合格，连接和挂扣是否紧固可靠。

安全网的张挂及扶手的设置是否齐全。

基础是否平整坚实、支垫是否符合规定。

连墙件的数量、位置和设置是否符合要求。

垂直度及水平度是否合格。

### 7. 维护和其他注意事项

（1）外脚手架的外表面应满挂安全网，并于门架竖杆和剪刀撑结牢。

（2）顶层门架之上应设置栏杆。

（3）其他注意事项：

1）门式脚手架上不宜使用手推车。

2）脚手架在使用期间应加强检查工作，以确保安全使用。

3）拆除架子时应自上而下进行，与安装顺序相反，不允许将拆除的部件直接从高空抛下，应将拆除的部件分品种捆绑后使用垂直吊运设施将其运至地面，集中堆放保管。

4）凡杆件变形和失灵的部件均不得继续使用。

## 第四节　碗扣式钢管脚手架的搭设和拆除

WDJ 碗扣式多功能脚手架是由铁道部专业设计院研究设计。铁道部第三工程局孟塬工程机械厂研制成功的一种新型承插式钢管脚手架。

### 一、材料的规格和要求

WDJ 碗扣式脚手架主要由直径为 48 mm，壁厚为 3.5 mm 钢管和其他辅助构件及专用构件组成，钢管长度从 0.3～3 m 不等。

（1）碗扣式脚手架构件主要是焊接而成，故关键是焊接质量，要求焊缝饱满，没有咬肉、夹碴、裂纹等缺陷。

（2）钢管应无裂缝、凹陷、锈蚀。

（3）立杆最大弯曲变形矢高不超过 1/500L，横杆斜杆变形矢高不超过 1/250L。

（4）可调构件、螺纹部分完好，无滑丝现象、无严重锈焊缝尢脱开现象。

（5）脚手板、斜脚手板及梯子等构件，挂钩及面板应无裂纹，无明显变形，焊接牢固。

### 二、构造和要求

#### 1．构造类型

用于构造双排外脚手架时，一般立杆横向间距取 1.2 m，横杆步距取 1.8 m，立杆纵向间距可选用 0.9 m、1.2 m、1.5 m、1.8 m、2.4 m 等多种尺寸，并选用相应的横杆，根据其使用要求，可有以下几种构造形式，如图 2-16 所示为横立杆接头处构造：

（1）重型架：取较小立杆纵距（0.9 m 或 1.2 m）主要用于高层外脚手架的底部架。

（2）普通架：是比较常用的一种，立杆纵距、立杆横距和横杆步距可选 1.5 m×1.2 m×1.8 m 或 1.8 m×1.2 m×1.8 m 两种形式，可作为砌墙模板工程等结构施工用脚手架。

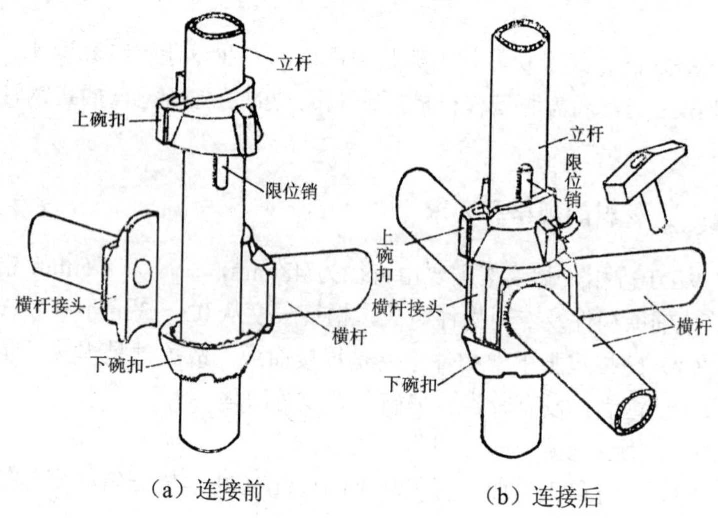


（a）连接前　　（b）连接后

图 2-16　碗扣接头构造

（3）轻型架：主要用于装修、维护等作业荷载要求的脚手架，构架尺寸为 2.4 m×1.2 m×1.8 m。

2. 要求

（1）斜杆同立杆的连接与横杆同立杆连接相同，其节点构造如图 2-17 所示。斜杆应尽量布置在框架节点上，拐角边缘及端部必须设置斜杆，中间可均匀间隔布置。

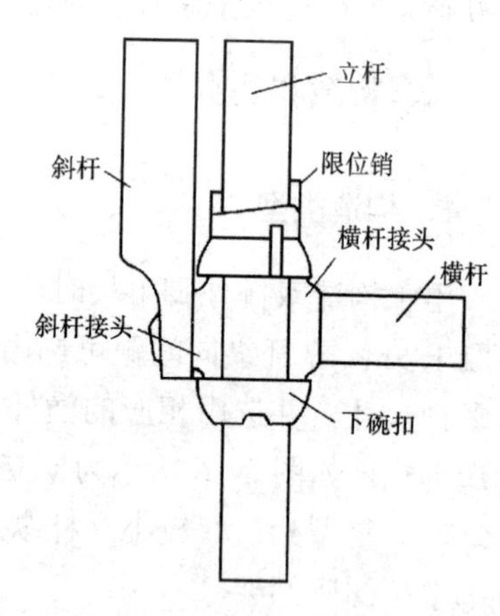


图 2-17　斜杆节点构造

（2）对于高度在 30 m 以下的脚手架，可四跨三步设置一个连墙撑，如图 2-18 对高层及重载情况，可适当加密。

（3）斜道板框架两侧，应设置横杆和斜杆作为扶手和护栏。

（4）沿脚手架外侧要满挂封闭式安全网。其结构布置如图 2-19 所示。

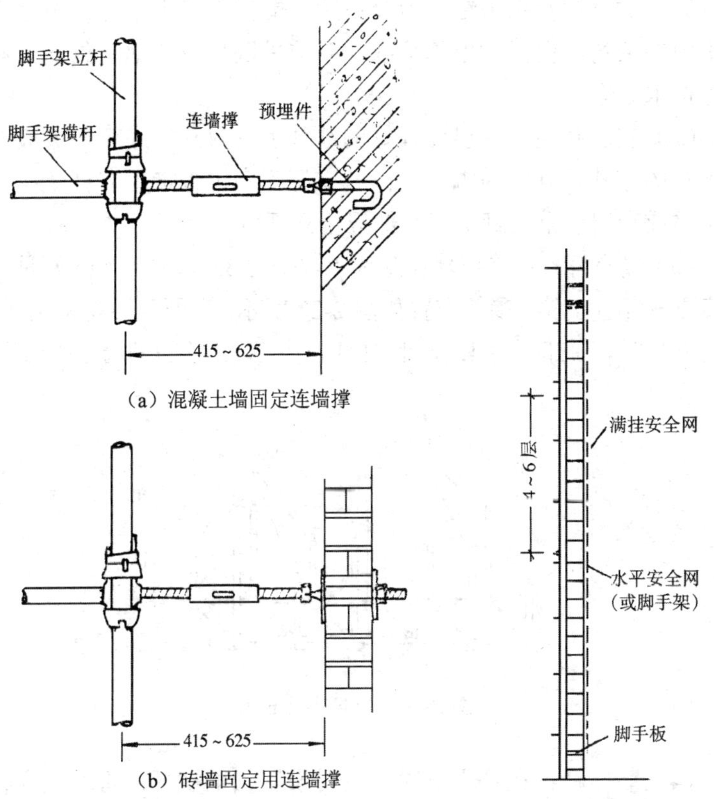


图 2-18　碗扣式连墙撑的设置构造　　图 2-19　满挂封闭式安全网

## 三、脚手架搭设程序和要点

### 1. 搭设程序

做好搭设前的准备工作→立杆底座→立杆→横杆→斜杆→接头锁紧→脚手板→上层立杆→立杆连接销→横杆。

## 2. 脚手架搭设要点

（1）搭设前准备工作：脚手架组装前，要先编制脚手架施工组织设计。所有构件必须经检验合格后方能投入使用。并应清除组架范围内的杂物，根据对地基承载力要求采取相应的地基处理措施，做好排水处理。

（2）安放底座：在已处理好的地基上安放立杆底座，架设在坚实平整的地基基础上的脚手架，其立杆底座可直接用立杆垫座，地势不平或高层及重载脚手架底部应用立杆可调座。

（3）竖立杆：将立杆插在底座上，采用 3.0 m 和 1.8 m 两种不同长度立杆相互交错，参差布置如图 2-20 所示。上面各层均采用 3.0 m 长立杆接长，顶部再用 1.8 m 长立杆找齐，以避免立杆接头处于同一水平面上。

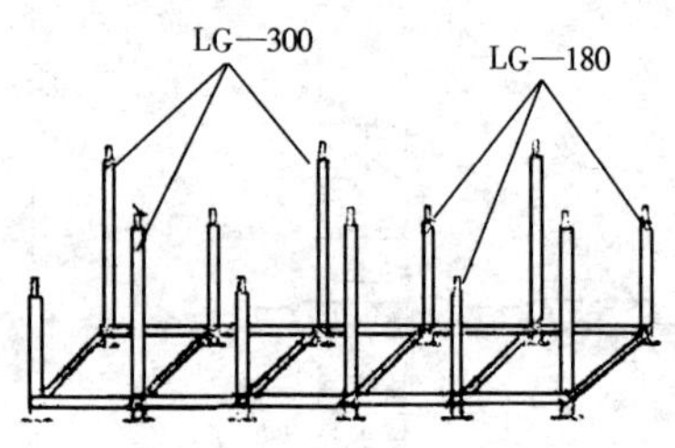


图 2-20 立杆平面布置

（4）装横杆：在装立杆时应及时设置扫地横杆，将所装立杆连成一整体，以保证立杆的整体稳定性，立杆同横杆的连接是靠碗扣接头锁定。连接时，先将上碗扣滑至限位销以上并旋转，使其搁在限位销上，将横杆接头插入下碗扣，待应装横杆接头全部装好后，落下上碗扣并予锁紧。

（5）立杆接长：立杆接长是靠焊于立杆顶端的连接管承插而成，立杆插好后，使上部立杆底端连接孔同下部立杆顶端连接孔对齐，插入立杆连接销并锁定。

## 四、搭设要求和注意事项

（1）脚手架组装以 3～4 人为一小组为宜，其中 1～2 人递料，另外两人共同配合组装，每人负责一端。组装时，要求至多两层向同一方向，或由中间向两边推进，不得从两边向中间合拢组装，否则中间杆件会因两侧架子刚度太大而难以安装。

（2）碗扣式脚手架的底层组架最为关键，其组装质量直接影响到整架的质量。当组装完两层横杆后，首先应检查并调整水平框架的直角度和纵向直线度。其次应检查横杆的水平度，并通过调整立杆可调座使横杆间的水平偏差小于 1/400，同时应逐个检查立杆底脚，并确保所有立杆不浮地松动。当底层架子符合搭设要求后，检查所有碗扣接头，并锁紧。

（3）连墙撑应随着脚手架的搭设而随时在设计位置设置，并尽量与脚手架和建筑物外表面垂直。

（4）在搭设、拆除或改变作业程序时，禁止人员进入危险区域。

（5）脚手架应随建筑物升高而随时设置，一般不应超出建筑物两步架。

（6）单排横杆插入墙体后，应将夹板用榔头击紧，不得浮放。

## 五、脚手架的检验、验收和使用管理

### 1. 检查时间

（1）每搭设 10 m 高度。

（2）达到设计高度。

（3）遇有 6 级及以上大风、大雨、大雪之后。

（4）停工超过一个月，恢复使用前。

### 2. 检验主要内容

（1）基础是否有不均匀沉降。

（2）立杆垫座与基础面是否接触良好，有无松动或脱离现象。

（3）检验全部节点的上碗扣是否锁紧。

（4）连墙撑、斜杆及安全网等构件的设置是否达到设计要求。

（5）荷载是否超过规定。

（6）整架垂直度是否小于 1/500 L 和 100 mm，纵向直线度是否小于 1/200 L，横杆水平度是否小于 1/400 L。

### 3．使用管理

（1）脚手架的施工和使用应设专人负责，并设安全监督检查人员。

（2）在使用过程中，应定期对脚手架进行检查，严禁乱堆乱放，应及时清理各层堆积的杂物。

（3）不得将脚手架构件等物从过高的地方抛掷，不得随意拆除已投入使用的脚手架构件。

## 六、脚手架的拆除

（1）当脚手架使用完成后，需要拆除时，应对脚手架做一次全面检查，清除所有多余物件，并设立拆除区，禁止人员进入。

（2）拆除顺序自上而下逐层拆除，不允许上、下两层同时拆除。

（3）连墙撑只能在拆到该层时才许拆除，严禁在拆架前先拆连墙撑。

（4）拆除的构件应用吊具吊下，或人工递下，严禁抛掷。

（5）拆除的构件应及时分类堆放，以便运输保管。

# 第五节　其他落地式脚手架

## 一、螺栓连接的钢管脚手架

### 1．材料的规格和要求

螺栓连接的钢管脚手架的基本构造形式与扣件式钢管脚手架大致相同，所不同的是用螺栓连接代替扣件连接，其基本杆件有三种长度：小横杆长度为 1 850 mm，立杆、大横杆和斜杆可通用，并用套管和螺栓进行接长，为了便于在搭设时将接头错开，其单根长度定为 3 780 mm 和 5 580 mm 两种，如图 2-21 所示。

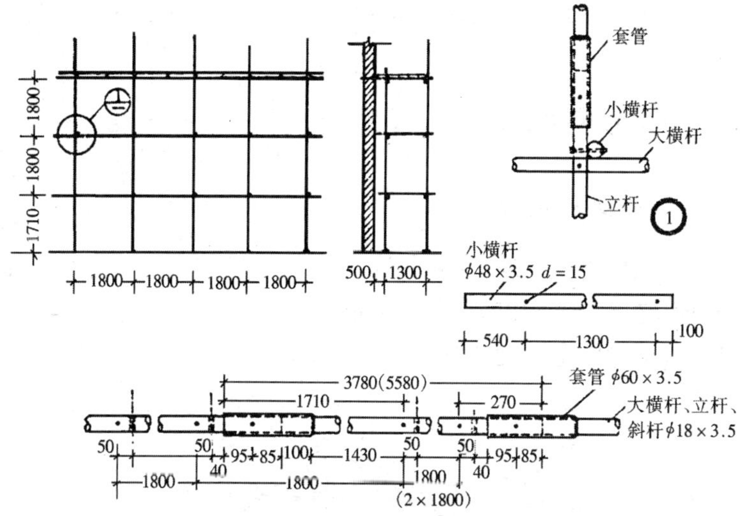


图 2-21 螺栓连接钢管脚手架构造图

所有杆件均采用外径 48 mm、壁厚 3.5 mm 的钢管，螺栓用 A3 钢直径 12 mm，底座用 8 mm 厚、150 mm 的钢板，上焊 180 mm 高的Φ48×3.5 钢管作插芯而成。

## 2. 构造要求和搭设注意事项

（1）脚手架搭设时，立杆的横向间距为 1.3 m，立杆的纵向间距和大横杆步距为 1.8 m，小横杆间距为 0.9～1.8 m。

（2）剪力撑和连墙杆的设置，跨越门窗洞口的搭设方法。脚手板的铺设以及其他搭设要求与扣件式钢管脚手架相同，剪刀撑的连接和操作层增设的小横杆与大横杆的连接，栏杆设置等仍须使用扣件或用铅丝捆绑。

（3）因立杆连接采用套筒式，插入后有间隙约 5 mm，所以这种脚手架的搭设高度不宜超过 20 mm。

（4）以长钢管用作剪力撑和栏杆，用 1/3 到半数的长钢管取代 3.8 m 以下长度的短钢管作立杆或横杆，这时需相应使用扣件连接。

（5）在螺栓孔距方面作些适当调整，以适应构造不同尺寸脚手架的需要。

## 二、承插式脚手架

### 1．材料规格和要求

（1）承插式脚手架主要由钢管或角钢插接而成，是在立杆上焊以承插短管，在横杆上焊以插拴，然后加以组装钢管一般选用外径 48 mm、壁厚 3.5 mm 的钢管，而角钢则可选∠50×5 或∠75×50×5 型号。

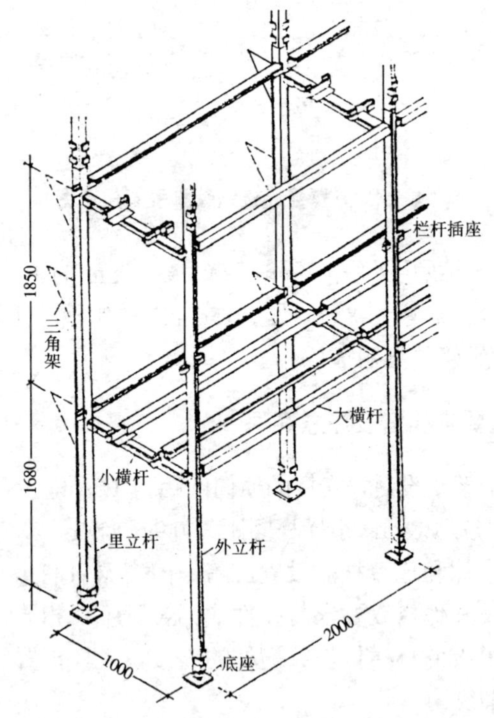


图 2-22　承插式角钢脚手架（Ⅰ）

（2）承插式脚手架一般按双排搭设，立杆横向间距 1.25 mm，纵向间距 1.8 m，大横杆步距 1.8 m，小横杆间距 0.9～1.8 m。

（3）承插式角钢脚手架的堆料及交通线采用竹笆板，如图 2-22 所示；也可采用纵长的木脚手板或钢木脚手板，如图 2-23 所示。

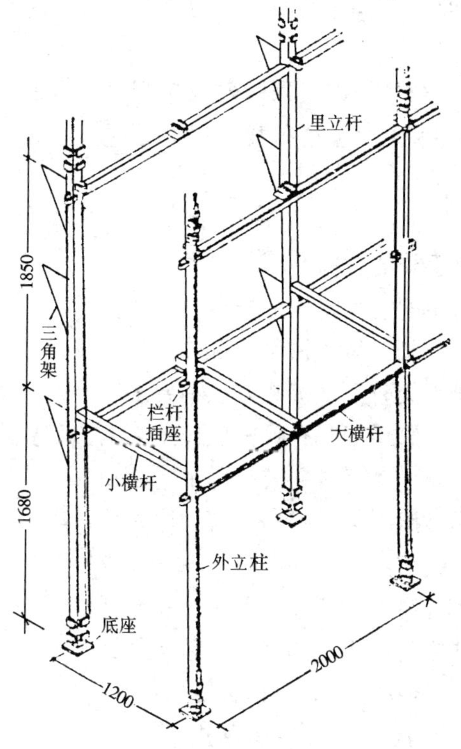


图 2-23　承插式角钢脚手架（Ⅱ）

## 2．构造和搭设要点

（1）搭设立杆时应将接头错开，并用套管接长，大横杆的承插管比较小横杆的承插管低 60 mm，以便装设小横杆。

（2）外立杆需在两个大横杆承插管中间加焊一个承插管，用于装设栏杆。

（3）斜撑、剪力撑可用立杆或其他长钢管搭设，用扣件连接或铅丝绑扎。

（4）连墙撑每隔三步五跨设置一处，应在墙体内预埋钢筋环，用8 号铅丝与架子立杆拉住，同时在小横杆上捆绑一根方木顶住墙面。

（5）斜撑采用双跨之字撑，也可采用三步三跨或五步五跨连续布置的剪刀撑。

（6）节点部位插板应插入槽内 2/3 以上，同时在使用过程中，不宜承受上拔力和过大偏心荷载。

## 复习思考题

1. 杉篙脚手架的材料有哪些要求？

2. 杉篙脚手架的基本构造杆件有哪些要求？

3. 双排杉篙脚手架的搭设有哪些操作程序？

4. 杉篙脚手架有哪些绑扎方法和要求？

5. 竖立杉篙脚手架时有哪些操作工艺要点和要求？并应注意哪些问题？

6. 拆除杉篙脚手架有哪些操作程序？

7. 扣件式钢管脚手架的材料有哪些要求？

8. 扣件有几种？如何使用？

9. 扣件式钢管脚手架的搭设工艺是什么？

10. 用扣件连接钢管时有什么要求？

11. 对拆除的杆件和扣件有哪些要求？

12. 搭设扣件式钢管脚手架的各杆件搭接位置有什么要求？

13. 对于多立杆式脚手架的容许挠度和垂直度是怎样规定的？

14. 扣件式钢管脚手架的拆除顺序是什么？

15. 门式钢管脚手架是由哪些杆件组成的？有哪些规格尺寸？

16. 门型框架是用什么规格的材料制成的？

17. 门式钢管脚手架的连墙杆有哪几种？各有哪些要求？

18. 门式钢管脚手架距离墙面应为多少？如果有三角挑架时，距离墙面应为多少？

19. 搭设门式钢管脚手架有哪些安全注意事项？
20. 怎样拆除门式钢管脚手架？
21. 搭设碗扣式钢管脚手架之前应做好哪些准备工作？
22. 碗扣式钢管脚手架构配件有何要求？
23. 碗扣式钢管脚手架的检验、验收和使用管理有什么要求？
24. 螺栓连接的钢管脚手架构造要求和搭拆注意事项有哪些？
25. 承插式钢框脚手架的搭设要点是什么？

# 第三章　不落地脚手架

## 第一节　悬挑式外脚手架

悬挑式外脚手架一般应用在建筑施工中，有以下三种情况：

（1）地下结构工程回填土不能及时回填，而主体结构工程必须立即进行，否则将影响工期；

（2）高层建筑主体结构四周为墙裙脚手架，不能直接支撑在地面上；

（3）超高层建筑施工，脚手架搭设高度超过了架子的容许高度，因此，整个脚手架按容许搭设高度分成若干段，每段脚手架支撑在由建筑物向外悬挑的结构上。

### 一、悬挑式外脚手架的类型和构造

悬挑脚手架根据悬挑支撑结构的不同，分为支撑杆式悬挑脚手架和挑梁式悬挑脚手架两类。

#### 1. 支撑杆式悬挑脚手架

支撑杆式悬挑脚手架的支撑结构不采用悬挑梁（架），直接用脚手架杆件搭设。

（1）支撑杆式双排脚手架：如图 3-1（a）所示支撑杆式挑脚手架，其支撑结构为内、外两排立杆上加设斜撑杆。斜撑杆一般采用双钢管，而水平横杆加长后一段与预埋在建筑物结构中的铁环焊牢，这样脚手架的荷载通过斜杆和水平横杆传递到建筑物上。图 3-1（b）所示悬挑脚手架的支承结构是采用下撑上拉方法，在脚手架的内、外两排立杆上分别加设斜撑杆。斜撑杆的下端支在建筑结构的梁或楼板上，并且内排立杆的斜撑杆的支点比外排立杆斜撑杆的支点高一层楼。斜撑杆上端用双扣件与脚手架的立杆连接。此外，除了斜撑杆，还设置了拉杆，以增强脚手架的承载力。支撑杆式悬挑脚手架搭设高度一般在 4 层楼高，12 m 左右。

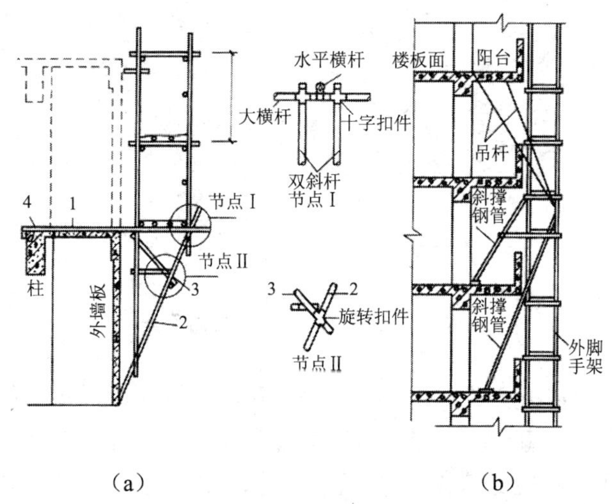


**图 3-1 支撑杆式双排悬挑脚手架**

1—水平横杆；2—双斜撑杆；3—加强短杆；4—预埋铁环

（2）支撑杆式单排悬挑脚手架：图 3-2（a）所示为支撑杆式单排悬挑脚手架，其支撑结构为从窗门挑出横杆，斜撑杆支撑在下一层的窗台上。如无窗台，则可在窗台上留洞或预埋支托铁件，以支撑斜撑杆。图 3-2（b）所示支撑杆式单排悬挑脚手架支撑结构是从同一窗口挑出横杆和伸出斜撑杆，斜撑杆的一端支撑在楼面上。

### 2. 挑梁式悬挑脚手架

挑梁式悬挑脚手架采用固定在建筑物结构上的悬挑梁（架），

并以此为支座搭设脚手架，一般为双排脚手架。此种类型脚手架搭设高度一般控制在 6 个楼层（20 m）以内，可同时进行 2～3 层作业，是目前较常用的脚手架形式。其支撑结构有下撑挑梁式、桁架挑梁式和斜拉挑梁式三种。

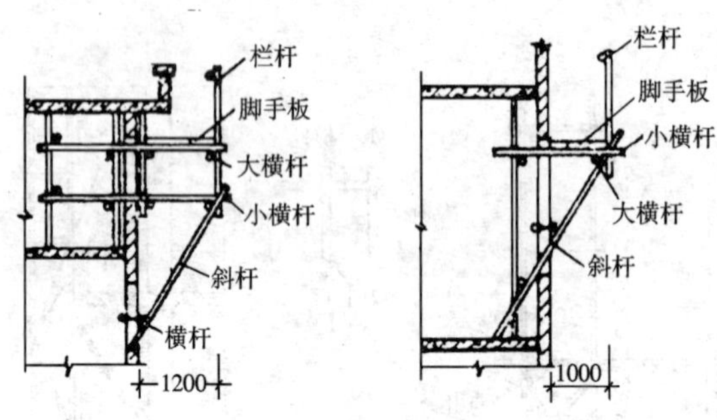


**图 3-2 支撑杆式单排悬挑脚手架**

（1）下撑挑梁式：在主体结构上预埋型钢挑梁，并在挑梁的外端加焊斜撑压杆组成挑架。各根挑梁之间的间距不大于 6 m，并用两根型钢纵梁相连，然后在纵梁上搭设扣件式钢管脚手架，如图 3-3 所示。

（2）桁架挑梁式：与下撑挑梁式基本相同，用型钢制作的桁架代替了挑架，如图 3-4 所示，这种支撑形式承载力较强，下挑梁的间距可达 9 m。

（3）斜拉挑梁式：如图 3-5 所示为斜拉挑梁式悬挑脚手架，以型钢作挑梁，其端头用钢丝绳（或钢筋）作拉杆斜拉。

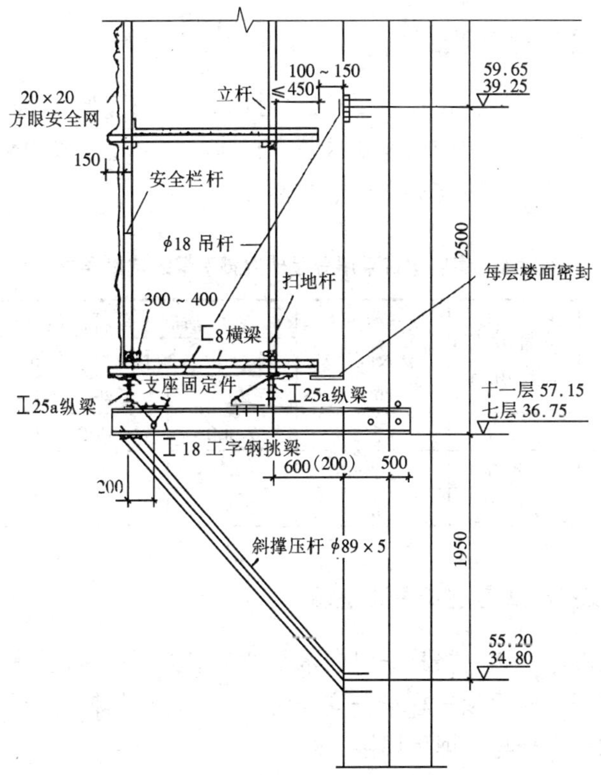

图 3-3　下撑挑梁式悬挑脚手架

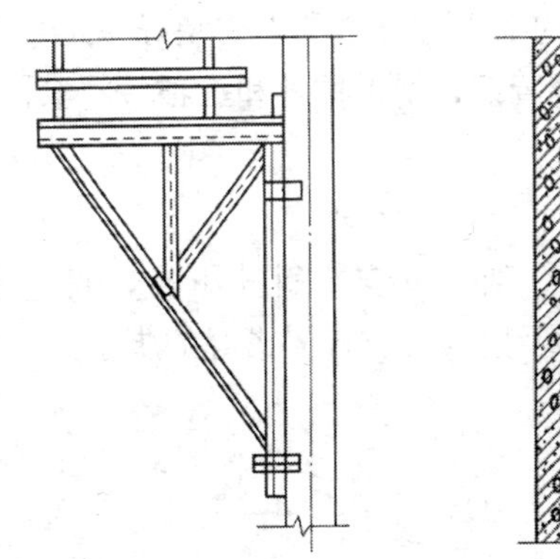
图 3-4　桁架挑梁式悬挑脚手架

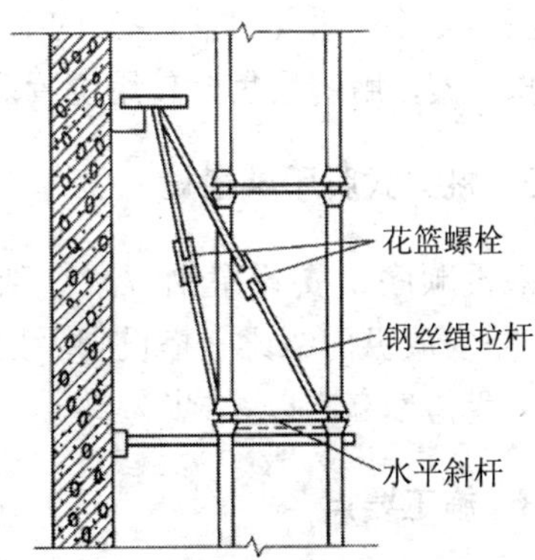

图 3-5　斜拉挑梁式悬挑脚手架

## 二、悬挑脚手架搭设

悬挑脚手架的搭设技术要求：外挑式扣件钢管脚手架与一般落地式扣件钢管脚手架的搭设要求基本相同。高层建筑采用分段外挑脚手架时，脚手架的技术要求见表 3-1。

表 3-1　高层建筑采用分段外挑脚手架的技术要求

| 允许荷载/（N/m²） | 立杆最大间距/mm | 纵向水平杆最大间距/mm | 横向水平杆间距/mm 脚手板厚度/mm | | |
|---|---|---|---|---|---|
| | | | 30 | 43 | 50 |
| 1 000 | 2 700 | 1 350 | 2 000 | 2 000 | 2 000 |
| 2 000 | 2 400 | 1 200 | 1 400 | 1 400 | 1 750 |
| 3 000 | 2 000 | 1 000 | 2 000 | 2 000 | 2 200 |

### 1. 支撑杆式悬挑脚手架搭设

搭设顺序：水平横杆→纵向水平杆→双斜杆→内拉杆→加强短杆→外拉杆→脚手板→栏杆→安全网→上一步架的横向水平杆→连墙杆→水平横杆与预埋环焊接。

按上述搭设顺序一层一层搭设，每段搭设高度以 6 步为宜，并在下面支设安全网。

图 3-1（b）所示的脚手架的搭设方法是预先拼装好一定高度的双排脚手架，用塔吊吊至使用位置后，用下撑杆和上撑杆将其固定。

### 2. 挑梁式脚手架搭设

搭设顺序：安置型钢挑梁（架）→安置斜撑压杆、斜拉吊杆（绳）→安放纵向钢梁→搭设脚手架或安放预先搭好的脚手架。

每段搭设高度以 12 步为宜。

### 3. 施工要点

（1）连墙杆的设置：根据建筑物的轴线尺寸，在水平方向每隔 3

跨（隔 6 m）设置一个，在垂直方向应每隔 3～4 m 设置一个，并要求各点相互错开，形成梅花状布置。

（2）连墙杆的做法：在钢筋混凝土结构中预埋铁件，然后用 100 mm×63 mm×10 mm 的角钢，一端与预埋件焊接，另一端与连接短管用螺栓连接，如图 3-6 所示。

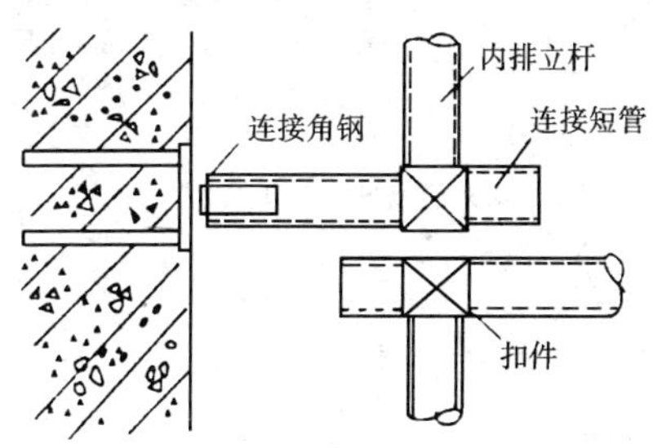


**图 3-6　连墙杆做法**

（3）垂直控制：搭设时，要严格控制分段脚手架的垂直度，垂直度偏差第一段不得超过 1/400，第二段、第三段不得超过 1/200。脚手架的垂直度要随搭设随检查，发现超过允许偏差时，应及时纠正。

（4）脚手板铺设：脚手架的底层应铺满厚木脚手板，其上各层可铺满薄钢板冲压成的穿孔轻型脚手板。

（5）安全防护措施：脚手架中各层均应设置护栏、踢脚板和扶梯。脚手架外侧和单个架子底面用小眼安全网封闭，架子与建筑物要保持必要的通道。

（6）挑梁式悬挑脚手架立杆与挑梁（或纵梁）的连接，应在挑梁（或纵梁）上焊 150～200 mm 长钢管，其外径比脚手架立杆内径小 1.0～1.5 mm，用接长扣件连接，同时在立杆下部设 1～2 道扫地杆，以确保架子的稳定。

（7）悬挑梁与墙体结构的连接，应预先预埋铁件或留好孔洞。保证连接可靠，不得随便打凿孔洞，破坏墙体。各支点要与建筑物中的预埋件连接牢固。挑梁、拉杆与结构的连接可参考图 3-7、图 3-8 所示的方法。

（8）斜拉杆（绳）应装有收紧装置，以使拉杆收紧后能承担荷载。

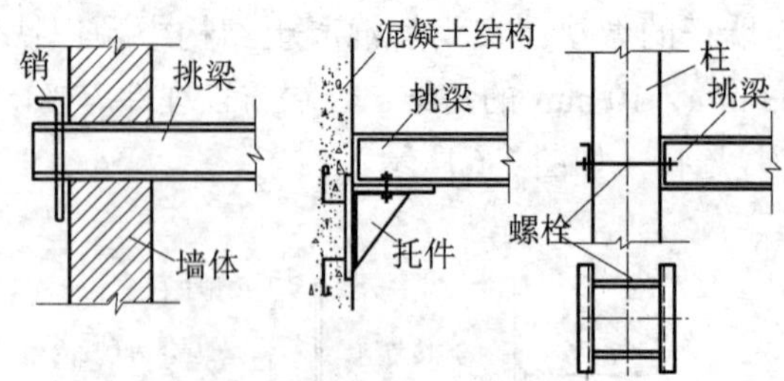


（a）挑梁抗拉节点构造

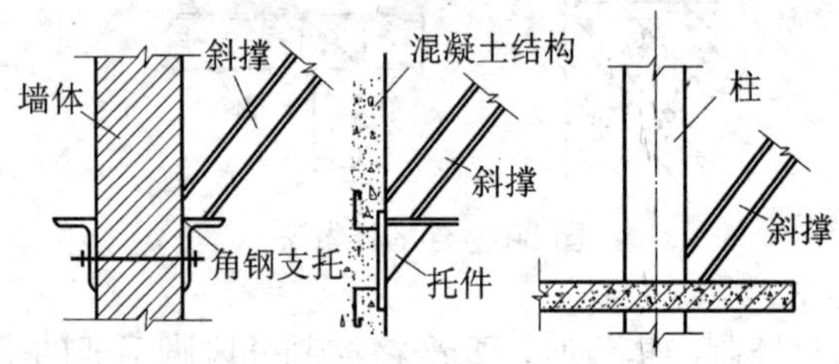


（b）斜撑杆底部支点构造

**图 3-7　下撑式挑梁与结构的连接**

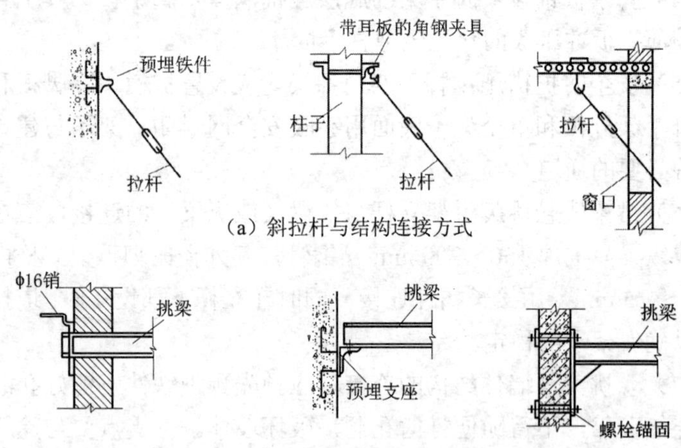


（a）斜拉杆与结构连接方式

（b）悬挑梁的连接方式

**图 3-8　斜拉式挑梁与结构的连接**

### 三、悬挑脚手架的检查、验收和使用安全管理

脚手架分段或分部位搭设完，必须按相应的钢管脚手架安全技术规范要求进行检查、验收，经检查验收合格后，方可继续搭设和使用，在使用中应严格执行有关安全规程。

脚手架使用过程中要加强检查，并及时清除架子上的垃圾和剩余料，注意控制使用荷载，禁止在架子上过多集中堆放材料。

## 第二节　吊篮式脚手架

吊篮式脚手架是通过固定在建筑物顶部悬挑出来的支撑点，利用设在每个吊篮上的简单提升机械和钢丝绳，使吊篮升降，以满足高层建筑外装修工程操作的一种脚手架。这种方法与外墙面满搭脚手架相比，可节约大量钢管材料，节约劳力，缩短工期，操作方便灵活，技术经济效益较好。

### 一、基本构造

#### 1. 基本组成

吊篮式脚手架主要组成部分有：吊架（包括架式工作台和吊篮）、支承设施（支承挑架和挑梁）、吊锁（钢丝绳、铁链、钢筋）及升降装置（手扳葫芦、电动葫芦），如图 3-9 所示。

吊篮可根据工程需要设计，分单层和双层两种，每层高度不超过 2 m，宽为 0.8～1 m，长度为房间空间的大小。吊篮是用$\phi$48×3.5 mm 钢管焊成的矩形框架，而吊架则一般采用角钢或槽钢制成。挑梁（架）一般采用不小于 14 号的工字钢，或采用承受荷载大于 14 号工字钢的其他材料制成。

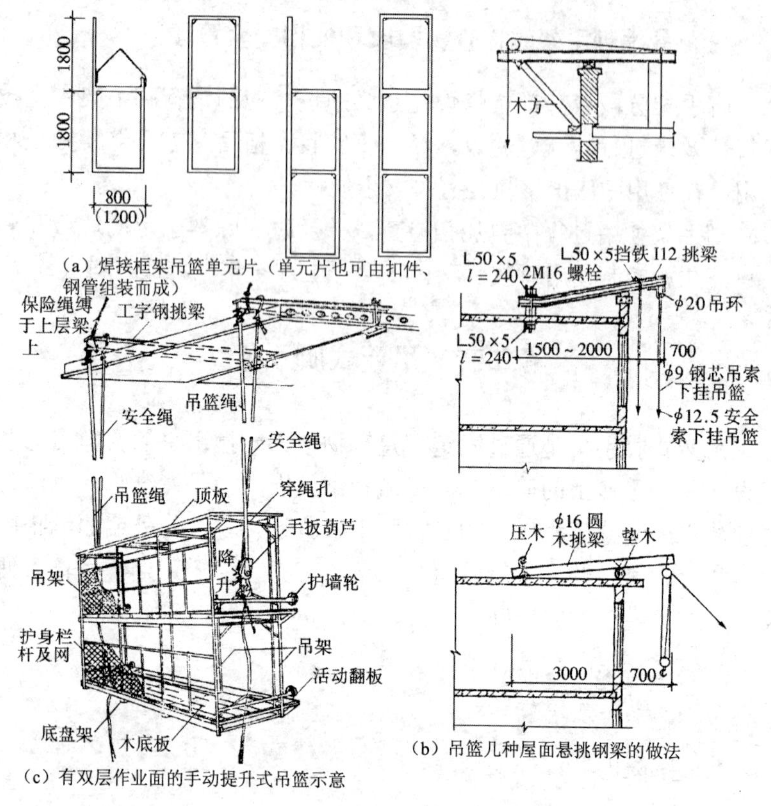


**图 3-9　吊篮和挑梁式屋面支撑系统构造示意**

## 2. 构造要求

（1）吊篮内侧距建筑物间隙为 100～200 mm，两端应装有可伸缩的护墙轮。

（2）吊篮立杆纵向间距不得大于 2 m，外侧护栏 1.5 m，栏杆间距不大于 500 mm。顶部必须设护头棚，外侧与两端用安全网封严。

（3）脚手板必须与横向水平杆绑牢或卡牢，不允许有松动或探头板。

（4）扣件钢管杆件伸出扣件应不小于 100 mm，吊篮架体的外侧大面和两端小面应加设剪刀或斜撑杆卡牢。

（5）悬挑吊篮的挑梁，必须与建筑结构固定牢固。挑梁挑出长度应保证悬挂吊篮的钢丝垂直地面，挑梁之间应用纵向水平杆连接成整体以保证挑梁结构的稳定，如图 3-5（b）所示。

（6）挑梁与吊篮吊绳连接端应有防止滑脱的保护装置。

## 二、操作程序和施工方法

### 1. 操作程序

在地面上组装吊篮→确定挑梁位置→按吊篮大小安装挑梁→挂吊篮吊绳及安全保险绳→挂升降装置→摇升至使用高度→固定保险安全钢丝绳→将吊篮与结构拉结固定。

### 2. 施工方法

（1）承重吊绳为钢丝绳：在屋顶挑梁上挂好承重钢丝绳和安全绳，然后将承重钢丝绳穿过手扳葫芦的导绳向吊钩方向穿入，压紧，反复扳动前进手柄，即可使吊篮提升，反复扳动倒退手柄即可下落，但不可同时扳动上下手柄。

（2）承重吊绳倒挂在钢筋链杆上，下部吊住吊篮，利用倒链升降。因为倒链行程有限，因此在升降过程中，要多次倒替倒链，人工将倒链升降，如此接力升降。

（3）安全绳均采用直径不小于 13 mm 的钢丝绳，通长到底布置，安全绳与吊篮体的连接可采用安全自锁装置，如图 3-10 所示。

## 三、安全注意事项

（1）吊篮式脚手架属高空载人设备，必须严格贯彻有关安全操作规程。

（2）吊篮操作人员必须身体健康，经培训和实习并取得合格证者，方可上岗操作。

（3）每天工作班前的例行检查和准备作业内容包括：

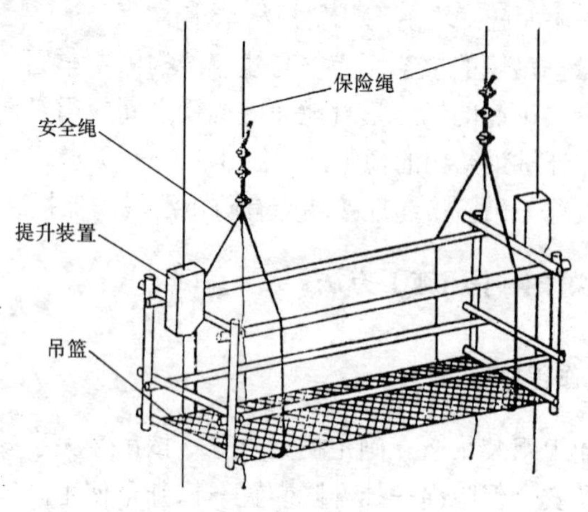


图 3-10 手动吊篮保险装置

1）检查屋面支撑系统钢结构，配重，工作钢丝绳及安全钢丝绳的技术状况，凡有不合格者，应立即纠正。

2）检查吊篮的机械设备及电器设备，确保其正常工作，并有可靠的接地设施。

3）开动吊篮反复进行升降，检查起升机构、安全锁、限位器、制动器及电机的工作情况，确认其正常后方可正式运行。

4）清扫吊篮中的尘土垃圾、积雪和冰碴。

（4）操作人员必须遵守操作规程，戴安全帽，系安全带，服从安全检查人员命令。

（5）严禁酒后登吊篮操作，严禁在吊篮中嬉戏打闹。

（6）吊篮上携带的材料和机具必须安置妥当，不得使吊篮倾斜和超载。

（7）遇有雷雨天气或风力超过 5 级时，不得登吊篮操作。

（8）当吊篮停置在半空中时，应将安全锁锁紧，需要移动时，再将安全锁松开。

（9）吊篮在运行中如发生异常影响和故障，必须立即停机检查，故障未经彻底排除，不得继续使用。

（10）如必须利用吊篮进行电焊作业时，应对吊篮钢丝绳进行全面防护，以免钢丝绳受到损坏，不能利用受到损坏的钢丝绳，更不能利用钢丝绳作为导电体。

（11）在吊篮下降着地之前，应在地面上垫放方木，以免损坏吊篮底部脚轮。

（12）每日作业班后应注意检查并做好下列收尾工作：

1）将吊篮内的建筑垃圾清扫干净，将吊篮悬挂于离地 3 m 处，撤去上下梯。

2）将吊篮内的建筑物拉紧，以防大风骤起，刮坏吊篮和墙面。

3）作业完毕后应将电源切断。

4）将多余电缆线及钢丝绳存放在吊篮内。

## 第三节　外挂脚手架

### 一、外挂脚手架的基本构造要求

（1）外挂脚手架主要用于外墙装修，也可用于围护墙的砌筑。其主要组成部分有挂架、脚手板和建筑物拉结的锁具。

（2）砌筑用挂架多为单层三角形挂架，装修用挂架有单层的，也有双层的，单层一般为三角形挂架，双层则为矩形挂架。

（3）外挂脚手架的挂置点大多设在柱子或墙上，设在柱子上可预埋挂环，设在墙体内侧安放钢板即可。

### 二、搭设程序和使用注意事项

#### 1．搭设程序

在砌筑墙体（柱子）对预埋钢销板（挂环）→挂架安装→铺设脚手板→绑扎连接护栏。

2. 使用注意事项

（1）搭设挂架之前，必须预先在墙（柱子）内埋设好钢销片（挂环），并注意在门窗洞口两侧 180 mm 范围内不能设挂架子。

（2）在向上或向下翻挂时，需要另一套挂架，两套倒着用，但拆与安之间要保持适当距离，尽量提供操作方便条件。操作人员要相互协调，紧密配合。

（3）挂架的拆除以及工作台的升降工作，也可使用塔式起重机或汽车吊。

（4）在挂架前认真检查焊缝质量，并严格控制架上操作人员数量，一般不得超过 3 人。

（5）挂架时要保证将挂钩插到底，外侧和下面均铺设安全网。

（6）外挂脚手架上必须设置三道安全护栏，最低一道即为挂架之间的水平连杆，每道栏杆均须互相连接牢固。

（7）建筑工程装修采用外挂脚手架时，应先做外装修，后做内装修，前后错开一个楼层。

## 复习思考题

1. 悬挑脚手架如何应用？
2. 悬挑脚手架的类别和构造是什么？
3. 悬挑脚手架的搭设要求是什么？
4. 吊篮架有哪些构造要求？
5. 吊篮式用的安全技术规定是什么？
6. 外挂脚手架的构造要求是什么？

# 第四章　常见的脚手架

## 第一节　工具式里脚手架

目前常使用的里脚手架有多种，主要有组合式平台架、支柱式里脚手架、门架式里脚手架和折叠式里脚手架。

组合式平台架是作为民用建筑的砌墙、装修里脚手架和存放材料的卸料平台用的。使用时可预先将平台架拼好，铺上脚手板，用塔吊整体吊到使用部位，这种脚手架承载量较大。

### 1．构造和要求

（1）组合式平台脚手架由管柱门架与钢筋桁架、三脚架拼装而成，可以组成四柱或六柱，如图 4-1 所示。

（2）管柱门架的立柱为$\phi$50×4 钢管，高 1.8 m。底脚焊一个 150 m×150 mm×6 mm 钢垫板，上部焊以桁架和支柱组成一个门式架，另在立柱的其余方向，高度 0.6 m、1.2 m、1.8 m 处分别焊以$\phi$25×2.5，长 60 mm 的承插管，插桁架和三脚架之用。三脚架供搁置站人脚手板用。

（3）这种平台脚手架的高度分为 1.2 m、1.8 m 两步，最大砌筑高度可满足 3～3.3 m 层高的要求。平台架的平面尺寸以 1.8 m×1.8 m 进行组合，配合三脚架使用，可满足一般房屋的开间和进深要求。

（4）联系桁架高为 0.6 m，宽为 1.8 m 或 2.4 m，横杆端部是直角弯钩，可挂于立柱架的套管中，如图 4-2 所示。

（5）横向桁架高为 0.45～0.5 m，宽为 1.81～2.11 m。如图 4-3 所示。

（6）三脚架用直径为$\phi$14～16 的钢筋焊成，底部有竖向插销，上端有弯钩，可分别插到立柱架上的套管中，三脚架高度为 0.6 m，宽度为 0.5 m 或 0.7 m。

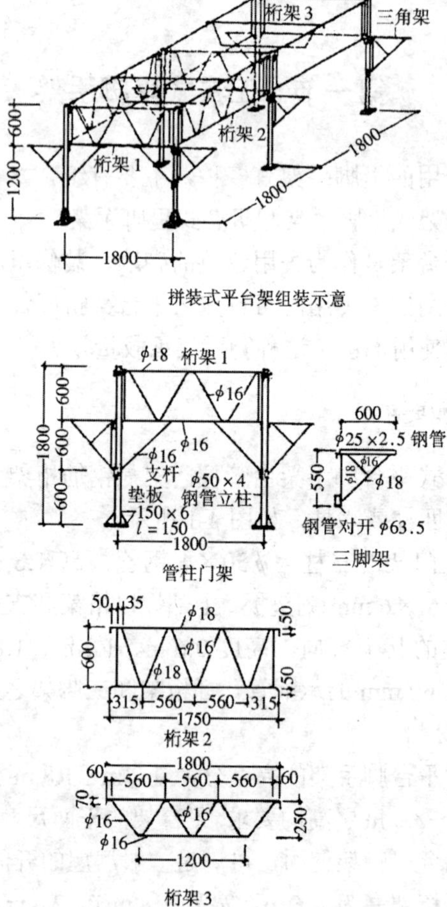


图 4-1　拼装式平台架的基本构件

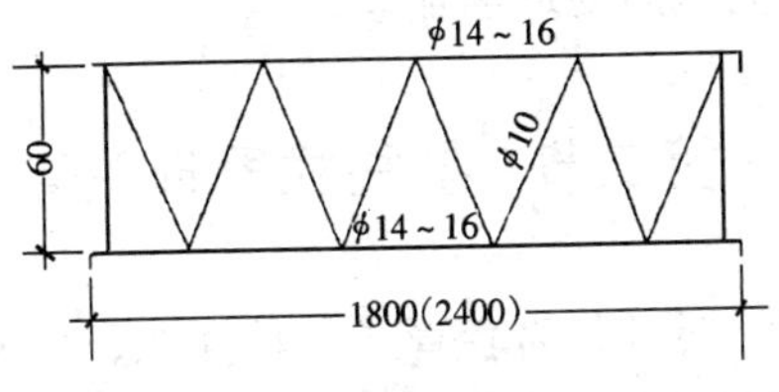


图 4-2　联系桁架

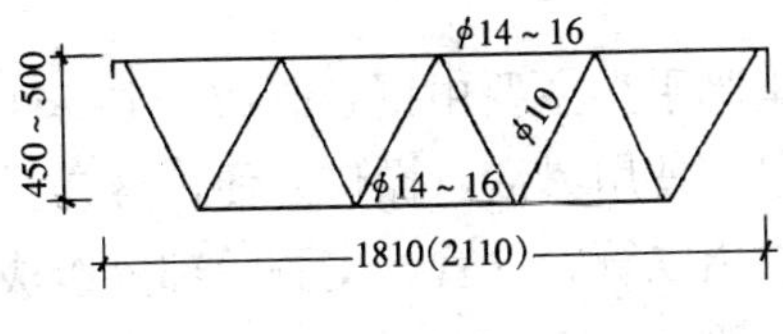


图 4-3　横向桁架

### 2．组装顺序

将两个立柱扶正→安装联系桁架→安装横向桁架→绑扎柱脚垫板→铺设平台脚手架→吊装就位→挂侧向三脚架→铺设脚手板。组装工作需 3 人相互配合。

### 3．搭设注意事项

（1）两人各扶正一个立柱，另一个人将中间联系桁架固定好，然后将横向桁架搁在联系桁架的节点上，再铺设脚手架。

（2）在底盘下垫 50 mm 厚、250 mm 宽的通长脚手架，并将其与底盘绑牢。

（3）起吊时，应将吊钩钩住四角的套管，起吊动作要慢，四角吊索拉紧后先暂停，检查挂吊钩的套管是否挂牢，如不牢，应重新挂牢。

（4）联系桁架的弯钩必须插入套管底部，防止脱落，也可用 8 号铅丝绑扎牢固，并用杉篙或钢管加固。

（5）严格控制荷载。

（6）支撑楼板下面要适当加设顶撑。

## 第二节　支柱式里脚手架

支柱式里脚手架可分为套管式、承插式、梯柱式等几种形式，其中套管式支柱里脚手架最常用，下面重点介绍其构造和搭设要点。

### 1．构造和要求

套管式支柱里脚手架主要由钢管制成，主要杆件有支柱、横杆、托架等，构造简单，使用灵活，操作方便，容易搭设。

（1）钢管支柱由立管、插管、支脚等部分组成。立管由$\phi 50\times 3$钢管做成，插管一般由$\phi 42\times 2.5$ 钢管做成，管壁开有销孔，利用销孔的位置变化来调节插管的高度，在插管顶部焊有“U”形托架，用来搁置横杆。支脚一般采用$\phi 18$ 钢筋做成，每根支脚底部焊有小垫板，支柱高度可在 1.5～2.1 m 之间调节，如图 4-4 所示。

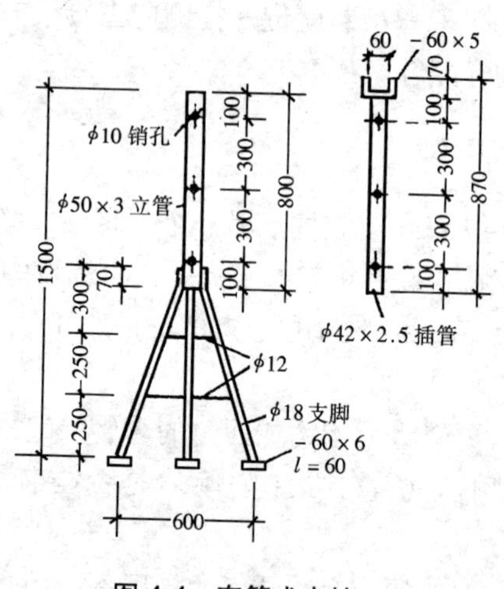


图 4-4　套管式支柱

（2）横杆一般采用直径不小于 30 mm 的钢管或断面不小于 100 mm×60 mm 的方木。

### 2. 搭设要求

（1）支柱里脚手架可以搭成单排，也可以搭成双排，单排支架离墙不得大于 1.5 m，横杆搁入墙内不得小于 240 mm，双排支架纵向间距不得大于 1.8 m，横向间距不得大于 1.5 m。

（2）在搭设时必须使支柱保持竖直，脚手板铺在横杆上第一步高 1.2 m，当升至 1.6 m 高度时，必须加设斜撑，用 8 号铅丝绑扎牢固。砌墙必须满铺脚手板，抹灰可铺 3 块脚手板。

（3）支柱式里脚手架在搭设前，必须严格检查，凡有开焊、变形、断裂的情况不得使用。

## 第三节　门架式里脚手架

门架式里脚手架由 A 形支架与门架两种构件组成，如图 4-5 所示。

（1）A 形支架有立管和支脚两部分，立管需用$\phi$45×3 钢管门架，用钢管或角钢焊成。

（2）门架式里脚手架主要用于砌墙和抹灰，架设高度为 1.34～2.43 m。砌筑时支架间距不大于 2.5 m。

## 第四节　折叠式里脚手架

折叠式里脚手架适用于民用建筑层间隔墙、围墙的砌筑和抹灰，分为人字型折叠里脚手架和伞脚折叠式脚手架。

人字型折叠里脚手架按制造材料分为角钢、钢管和钢筋三种。

伞脚折叠式里脚手架由立管、套管、横梁或桁架组成。立管的下端有伞骨状支脚，可以撑开或收拢，立管上有销孔，套管可自立管上升降，以调节架设高度。伞型支柱的架设间距：用于砌墙时为 2 m，用作抹灰、装饰时为 2.5 m。

门架
立管
支脚
φ14
安装示意
-40×3 l=60
防滑装置
L36×3
φ42×3
钢管
120
1—1
φ50×3
立管l=500
φ20(或φ25×2)
支脚
φ14
-40×5
l=40
垫板
A 形支架
700
1400
1200
120
960
2L36×3
钢管
900
门架
套管式支架与门架
φ50×3
销子
L40×3
支脚
φ16
760
-60×6
l=60
A 形支架
1216
防滑装置
φ42×5.5
φ42×3.5
φ16
销孔
门架
1300
无缝钢管
-80×4 l=120
-80×4
l=120
L40×3
支脚
承插式支架与门架

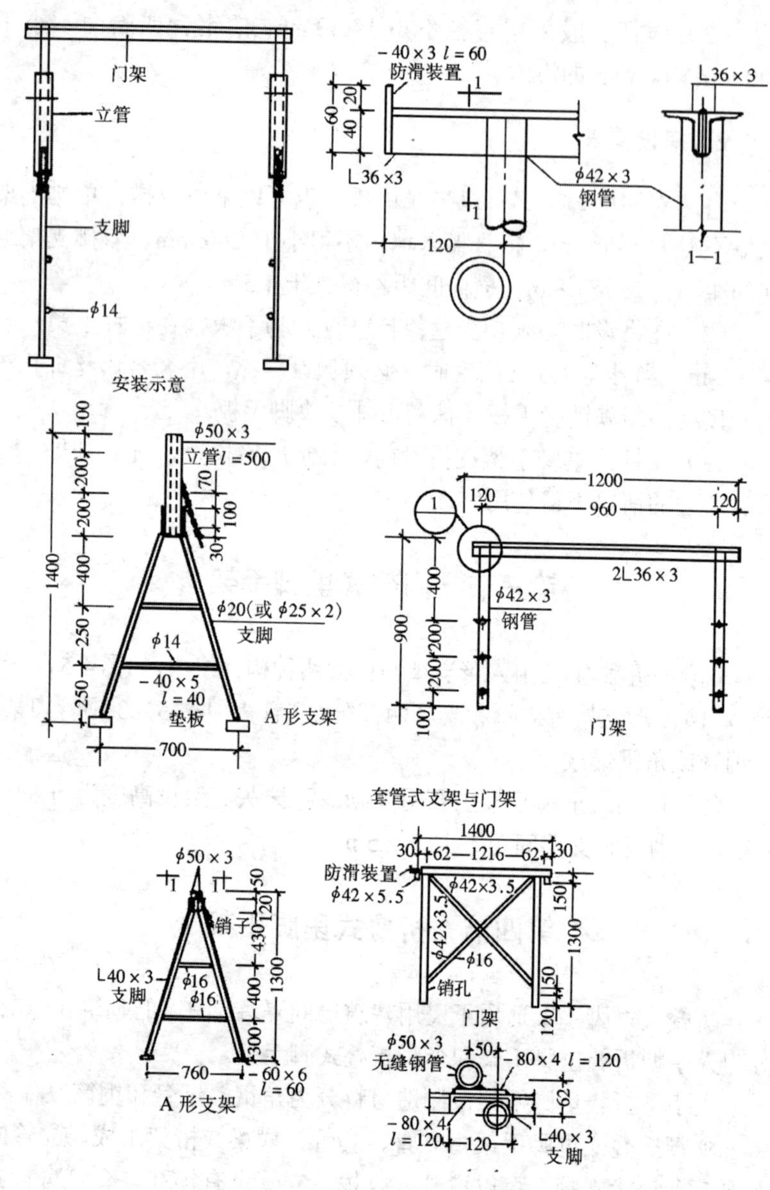

图 4-5 门架式里脚手架

# 第五节　龙门架和井字架

龙门架和井字架是多层建筑施工中最常用的垂直运输设备。一般采用单吊盘卷扬机在外部配合工作，龙门架为定型机具，现场拼装，还可附设小型拔杆和混凝土吊斗，井字架可做成定型机具，亦可用脚手架材料搭设，当采用必要的附墙拉结和适当的设计加强措施后，它们的架设高度可达到 40 m 以上，而且费用较低。

## 一、龙门架

### 1．构造和要求

（1）龙门架是由两根立杆及天轮梁构成，龙门架上装设有滑轮、导轨、吊盘、安全装置以及起重钢绳、缆风绳等构成一个完整的垂直运输体系，如图 4-6 所示。

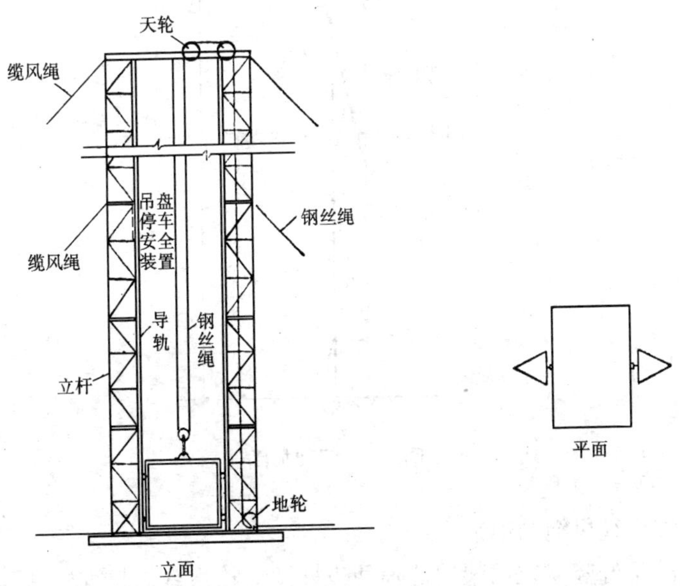


图 4-6　龙门架的基本构造形式

（2）龙门架适用于小型建筑工程。由于立杆的刚度和稳定性较差，一般只应用于低层建筑。

（3）按照龙门架的立杆组成来分，目前常用的有组合立杆龙门架、钢管龙门架、木龙门架等。组合立杆龙门架的立杆是由钢管、角管和圆钢互相焊接而成，具有强度高、刚度好、小材大用等优点；钢管龙门架和木龙门架是以单根杆件作为立杆而形成的，制作安装均较简便，但稳定性比组合杆差，在低层建筑中使用较为合适。

## 2. 龙门架的竖立

（1）竖立前的准备工作：竖立龙门架前，要做好龙门架的组装就位工作，同时要安装起重滑轮组，并将龙门架顶端的缆风绳和起重绳系好。

用梢径不小于 80 mm 的杉篙加固绑扎牢固，以增强龙门架的刚度，如图 4-7 所示。

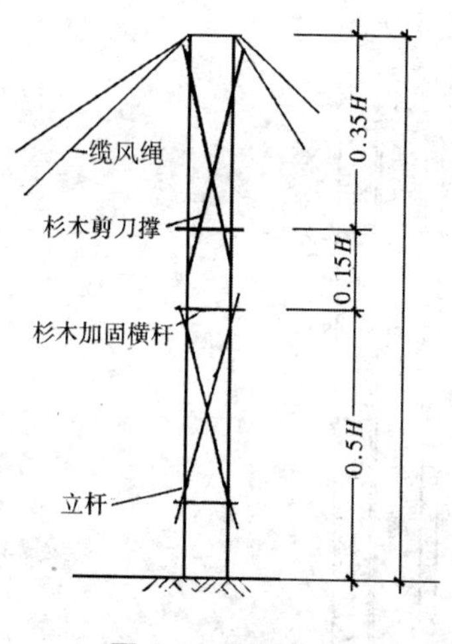


图 4-7　门架加固

埋好缆风绳的地锚。

准备好竖立龙门架用的辅助拔杆及绳轮系统、起重机具等，并把拔杆先竖立好。做好所有准备工作后，应详细地检查一次，确认安全可靠后，进行试拔，待拔起至离开地面 0.4～0.5 m 时停机，再一次对绳索、滑车组、地锚、起重机具、缆风绳以及龙门架的加固情况进行检查，一切均符合要求后，就可以正式起拔。

（2）竖立方法和要求：高度不大的龙门架和独立拔杆可以直接拉动缆风绳竖立；高度和重量较大的龙门架可以用旋转法和直角法竖立。

1）旋转法：先将龙门架下端头放在安装点上，上端用支架垫高，然后用辅助拔杆吊起龙门架，使它绕着下端支点转动。此时在升降平面内和垂直于升降平面的方向必须随时用缆风绳拉住，当升至与地面夹角成 70°～80°以后，即可收紧缆风绳，把龙门架竖立起来，如图 4-8 所示，使用的辅助拔杆的高度一般为龙门架高度的 2/3 以上。

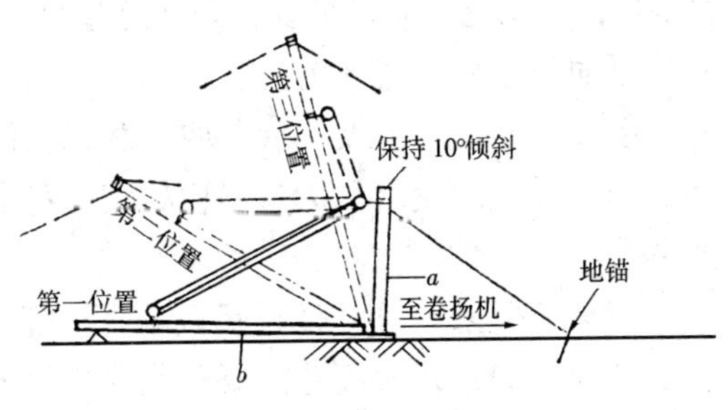


**图 4-8 旋转法**

2）直角法：先将龙门架的下端底角放在安装地点，再用辅助拔杆压在龙门架的底部。并将龙门架底部系上绳索，与地锚拉紧，防止在龙门架竖立时发生滑动而造成事故。在辅助拔杆上端头用一套滑轮组合绳索组成一固定长度的拉锁与龙门架的上部相连，形成直角三角形，辅助拔杆的另一面则用滑轮组合绳索连接在锚固点和卷扬机上，开动卷扬机时辅助拔杆被扳倒，同时龙门架便由水平位置升起，扳动龙门架转动以后，即可拉动缆风绳把龙门架立起。辅助拔杆的高度，一般为龙门架高度的 2/3 以上，转动辅助拔杆时，龙门架升起的反方向必须随时用缆风绳拉住，这样所竖立的龙门架就不会因张拉过度而产生向升起方向倾倒的危险。如图 4-9 所示。

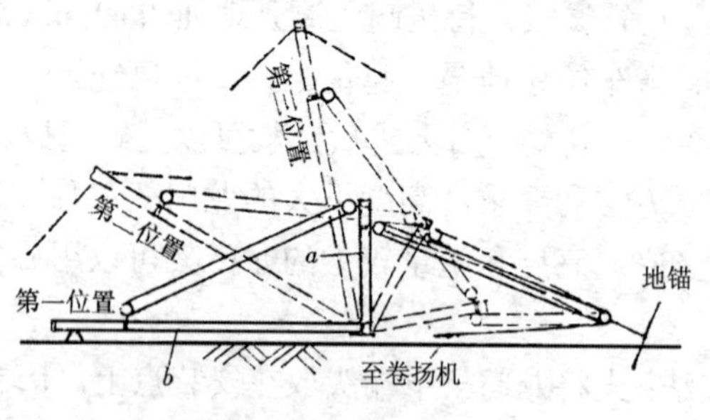


图 4-9 直角法

### 3. 竖立龙门架的注意事项和要求

（1）注意事项：在立龙门架时需要特别注意起重滑轮组的方向，同时必须在升降平面的两侧用缆风绳拉住龙门架，以防止龙门架左右摆动，一面升起龙门架，一面要相应地收紧和放松缆风绳，如果收放缆风绳不适当，缆风绳没有受力或锚固松动，都会使龙门架摆动以至于发生事故。

（2）竖立龙门架的要求：龙门架立起后，应将缆风绳和龙门架的底角同时固定牢固，如果是杉篙龙门架，其底角埋入土内的深度不得小于 1.5 m。

龙门架高度在 12 m 以下者，应设一道缆风绳，高度超过 12 m 时，每递增 5～6 m 增设一道缆风绳，每道不少于 6 根，与地面成 45°夹角。

在条件许可的地方，每层用杉篙和 8 号铅丝与建筑物连接牢固，以增强龙门架的稳定性。

龙门架立起后必须进行校正，导轨的垂直及间距尺寸的偏差不得大于 10 mm，龙门架的安全装置必须齐全，使用前必须试运行，试运行后检查没问题时，方能正式使用。

## 二、井字架

井字架可由钢管、杉篙或型钢搭设而成。

### 1. 扣件式钢管井字架

（1）钢管井字架是由各种杆件、天轮架滑车组、钢丝绳、滑道、吊盘及卷扬机等组成。其主要杆件有立杆、顺水杆、剪刀撑、排木等，如图 4-10 所示。

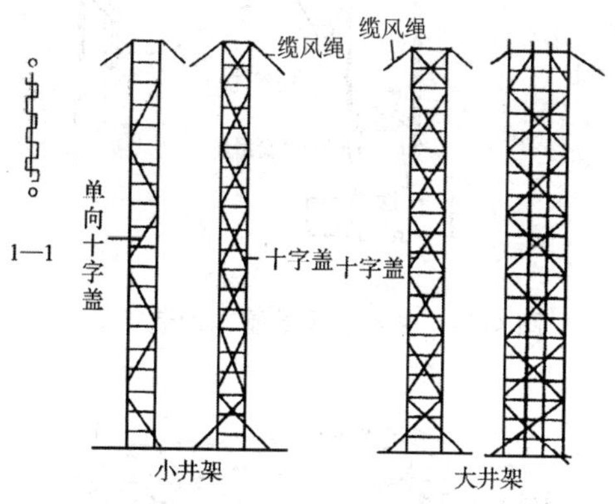


图 4-10 钢管井字架

（2）井字架的平面尺寸一般为长 3.5～4 m，宽 2～2.2 m，高度一般在 10～15 m，在井字架四角用缆风绳拉紧。高度超过 15 m 以上时，每增高 7～8 m，增加一道缆风绳。

### 2. 井架天梁的基本构造和要求

井架的顶部设置天梁，在天梁上装置滑轮，称为天轮。

（1）当起重量较小时，可以用一根不小于 140 mm×160 mm 的方木作为天梁，将两头搁在顺水杆上，在天梁下面悬挂两只天轮。钢丝绳可以利用挂环将一端固定与天梁上，而另一端绕过吊盘滑轮、天轮及地轮通过卷扬机，如图 4-11 所示。

（2）当起重量较大时，天梁可用两根 140 mm×160 mm 的方木或用两根 14 号槽钢做天梁。将两个天轮夹装在天梁上，将其中一个天轮装在天梁的中间，另一个天轮装在天梁的端部，使钢丝绳在井架外部通过，距顺水杆不小于 50 mm，如图 4-12 所示。

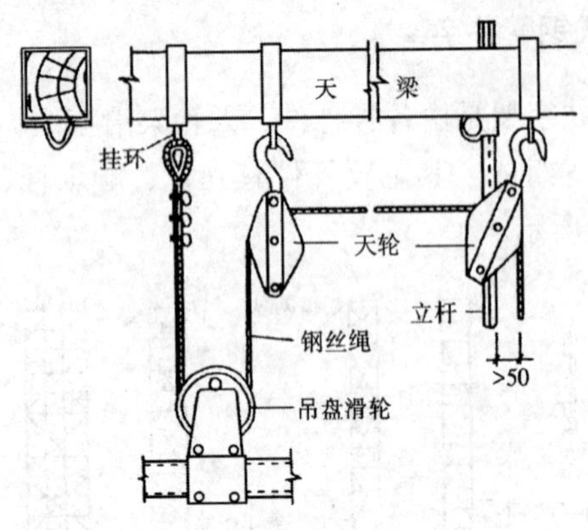


图 4-11　井架天梁的基本构造（Ⅰ）

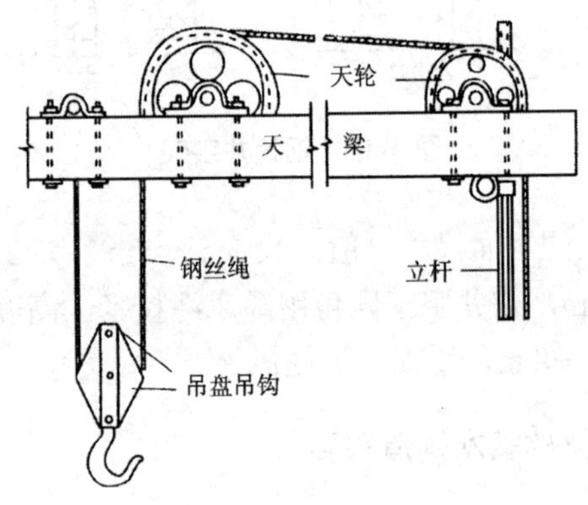


图 4-12　井架天梁的基本构造（Ⅱ）

### 3. 操作程序

平整井字架位置→将立杆处的松土夯实→再平整→夯实、铺立杆垫板→按立杆尺寸安放立杆底座→竖立杆和安装顺水杆→安装排木→四角安撑压栏子→安装剪刀撑→四角拉缆风绳→安装天梁和天轮→按进料口层次铺设平台板→挖深吊盘底坑→安装吊盘滑道→安装吊盘和穿钢丝绳→试吊检查和修正→安装护栏和挡脚板→检查验收。

**4．操作工艺要点和要求**

（1）平整、夯实，铺立杆垫板：在井字架的位置，清理平整，松土夯实，然后再平整一遍，并用 50 mm×250 mm 垫板按立杆位置铺好。

（2）按立杆尺寸安放立杆底座：按井字架的长度尺寸和宽度尺寸摆正，定好井字架四角的立杆位置线，按立杆位置线安放立杆底座。

（3）竖立杆和安装顺水杆：搭设井字架时，至少需要 4 人配合操作。首先将井字架四角的立杆竖立，紧接着将顺水杆用十字型扣件与顺水杆连接，然后按不大于 1.4 m 的间距将中间立杆竖起，并用十字型扣件与顺水杆连接，第一步顺水杆距地面为 1.7～1.8 m，在第一步以上的顺水杆间距为 1.3 m 左右。

在竖立杆和安装顺水杆时，除了按照多立杆脚手架的要求进行操作以外，还应注意：

竖立杆要垂直，四角方正，两对角线距离要相等，并要考虑好吊盘尺寸的大小和安装的方便，避免造成返工。

井字架四角的立杆及封顶顺水杆采用双杆，除出料一面以外，其余三面均应绑扎剪刀撑，并且必须互相衔接绑到顶，斜杆与地面的夹角不大于 60°。

（4）安装排木：在平台下面落空处应打八字戗，排木间距不得大于 1 m，平台板必须铺平、铺严、绑牢、每层平台及全部马道应绑两道护身栏，并要绑扎 180 mm 高的挡脚板，平台出料口必须加防护门。

（5）安装天梁和天轮：天梁必须安装垂直、水平，吊钩垂下必须要在吊盘的中垂线上，安装外侧天轮时，超出顺水杆的距离不得小于 50 mm，以防钢丝绳摩擦顺水杆。

（6）安装吊盘和穿钢丝绳：吊盘的滑道必须垂直，尺寸必须准确，表面要平整，安装时要吊线锤，随时检查其垂直度和平整度，滑道与吊盘必须留出适当的空隙，一般不大于 2～3 mm。

（7）安装吊盘和穿钢丝绳：吊盘的定滑轮和导向滑轮必须安装牢固，否则在钢丝绳负荷后容易崩脱，造成安全事故。

（8）其他要求：杆件应对头连接，交叉点必须用扣件扣紧，而不得用铅丝绑扎；天轮架必须绑扎双根天轮木，并加预桩管或八字杆，用卡子卡牢；井字架上端要设缆风绳把四角拉牢，严禁与一切电源接触，与电线接近部位，必须有绝缘措施，安装或搬运金属管时，应注意周围环境，防止触电事故发生。

### 5．井字架的拆除要点

钢管井字架的拆除与多立杆脚手架的拆除方法基本相同，但在拆除过程中必须注意以下几点：

（1）天轮和天梁拆除下来后，不得随意往下扔，必须用绳子往下送。

（2）拆除缆风和斜撑时，必须先选好适当的部位将井架临时拉住和撑牢后，才能正式拆除缆风，否则容易发生架子倒塌的安全事故。

（3）井字架下面必须有专人负责，不准非拆除人员进入拆除现场。

### 6．杉篙井字架的搭设和拆除

杉篙井字架的搭设与拆除与钢管井字架基本相同，所不同的是在立杆位置确定后，需要挖立杆坑，立杆的埋深不得小于 500 mm。

## 三、型钢井字架

### 1．构造要求

型钢井字架有立柱、平撑、斜撑、杆件等组成。在房屋建筑中一般都采用单孔四柱角钢井架，有两种构造方法：一种是由单根角钢用螺栓连接而成，通常是把连接板焊在立柱上，仅平撑、斜撑和立柱的连接以及立柱接高用螺栓连接，在杆件重、井架大的情况下，多采用这种方法；另一种方法是在工厂组焊成一定长度的节段，然后运至工地安装，一般轻型小井架多采用这种方法。

## 2. 架设方法

（1）自升式外吊盘小井架的接高，利用设在井架上的小拔杆进行，方法如图 4-13 所示。

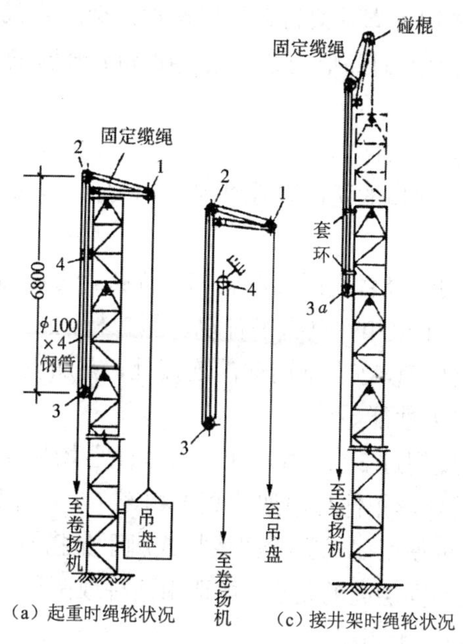


（a）起重时绳轮状况　（b）升机杆时绳轮状况　（c）接井架时绳轮状况

**图 4-13　自升式小井架接高**

1）升拔杆：先把吊盘摘下放在地面，在如图 4-13 中 4 处挂一只开口滑轮，把从滑轮 2 处引下的起重钢丝系住 3，绕过滑轮 4 再接至卷扬机，开动卷扬机，拔杆就可徐徐上升，待 3 上升至 3 处停止，并把拔杆用卡钩固定在井架上，随后再从开口滑轮 4 取下钢丝绳，并使钢丝绳恢复至起重时的位置。

2）接井架：在起重绳上井架的一个标准节，并在系挂井架节的上方隔一定距离在钢丝绳上绑一碰棍，开动卷扬机，当上升至钢丝绳上的碰棍与滑轮 1 相碰时，拔杆的活动臂便逐渐翘起，使起吊的井架节与原井架靠拢就位，便可接上。

3）为了使拔杆上升时不致倾倒，在井架顶部及滑轮 4 处各设置一个临时套环套住拔杆。

（2）门架组合式井字架：

1）使用门式钢管脚手架材料可以搭设门架组合式井架，搭设井架应采用负荷能力大的梯形门架或用$\phi$48 mm 竖管的加强门架作为天轮梁支柱。

2）搭设注意事项：

① 在有进出料口的两面除连续设置剪刀撑外，加设用扣件钢管搭设的横杆。

② 并排的门架竖管之间用回转扣件连接，为加强其整体性，每 2～3 层门架加设 1 根扣件钢管横件以及斜拉杆。

③ 附墙拉杆应设在上下门架的连接处，并加设短附加立杆，以加强拉结处的受力性能。

④ 井架高度超过 30 m 时，在井架 4 角各增加 1 根用长钢管接起的立杆，并用异形扣件与门架的竖管相连，加设井架的整体刚度。

⑤ 栈桥梁可使用门式脚手架或扣式脚手架搭设。

⑥ 为适应不同层高的要求，可选用两种或两种以上不同高度的门架，使其接高等于高层。

## 四、脚手板的安装使用

常用的脚手板有五种类型，分别为木脚手板、竹脚手板、钢脚手板、钢筋脚手板和钢木脚手板，如图 4-14 和图 4-15 所示。

### 1．脚手板的铺设形式和要求

（1）无论哪类脚手板的铺设，均必须符合安全技术操作规程的要求，即脚手板必须要铺满、铺实、铺稳，不得铺探头板和弹簧板。对于钢脚手板和钢木脚手板必须在其靠墙一侧及端部与排木绑扎牢固，以防滑出而成为探头板。

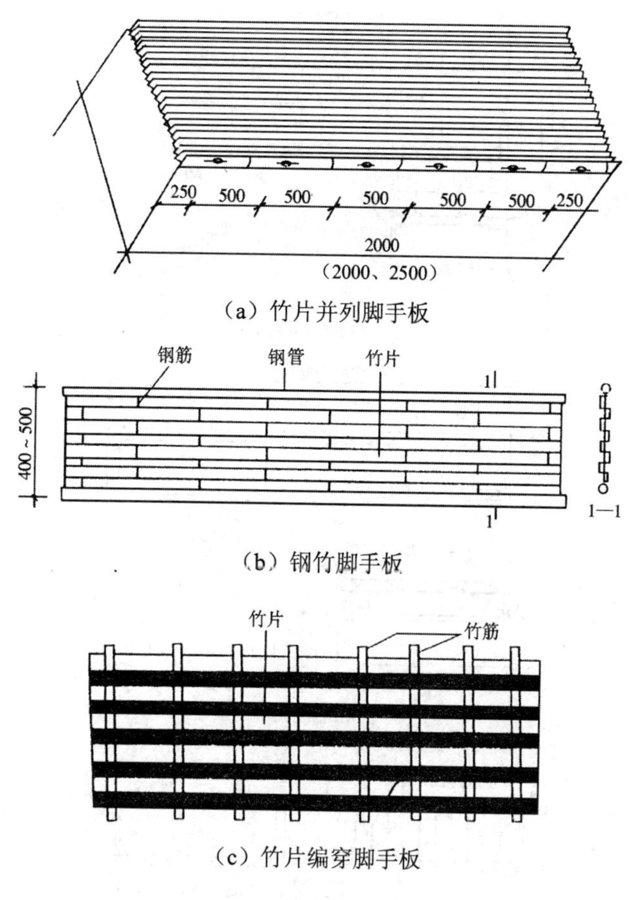


（a）竹片并列脚手板

（b）钢竹脚手板

（c）竹片编穿脚手板

**图 4-14　竹脚手板**

（2）脚手板的铺设有两种形式：对头铺设和搭接铺设。所谓对头铺设就是在每块脚手板两端下面均有排木，排木距板的端头距离不得大于 150 mm，如图 4-16 所示。在搭接铺设时，要求端头的搭接长度不得小于 400 mm，并要将脚手板与排木之间用木板垫实，如图 4-17 所示。钢脚手板必须对头铺设，并要绑扎牢固。

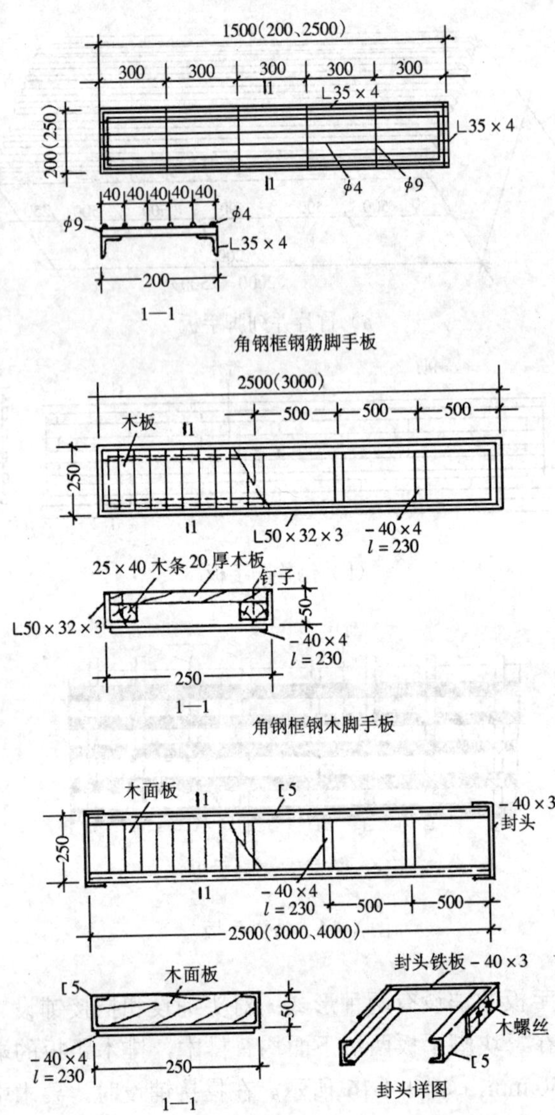


图 4-15　槽钢框钢木脚手板

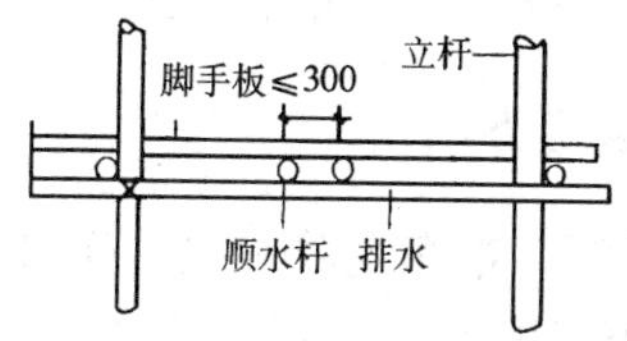


图 4-16　对头铺设

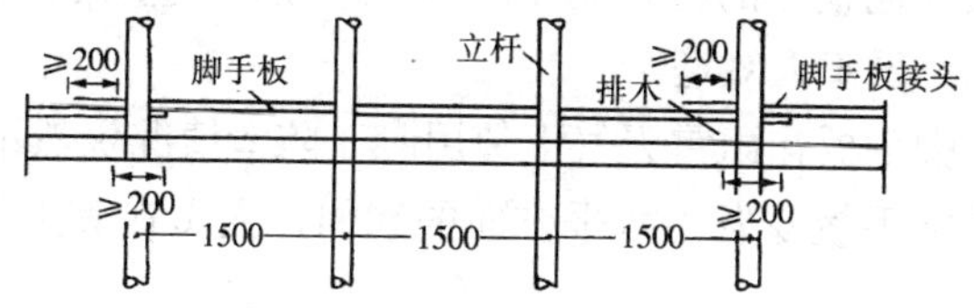


图 4-17　搭接铺设

## 2．翻脚手板的操作要点

（1）翻脚手板前，必须将其上的砖、灰桶、杂物清理干净。清理时要将砖、灰桶等移放到窗台或已砌好的墙上。脚手板上如有灰砂和小碎砖块，在翻脚手板之前应发出信号，以防翻脚手板时碎砖伤人。

（2）翻脚手板时，最好由 4 人配合操作。其顺序是由一端开始向另一端翻，由里向外逐块翻铺，并且要两个人同时将脚手板拿起，将一端递给上步架的人，接住后再将另一端递给上步架的另一个人。在递接脚手板时，上下要配合好，思想要集中，必须待上一步架人接住后，下面的人才能松手，以免发生安全事故。

（3）当翻到最后一档最后一块时，要特别注意安全，下面两人要站在顺水杆上，一只手要钩住立杆，并挂好安全带，另一只手拿起脚手板递给上步架的人。脚手板全部翻上去铺好后，再把排木拆除运至第三步架绑扎好。按要求在第一步和第二步架上的排木均可运到上一步架使用，而第三步架以上要每隔三根排木留一根排木不拆除，通道上面的脚手板也不得拆除，以防坠物伤人。

### 3．脚手板的发展趋势

现行的各种脚手板，都存在着一定的问题和不足之处。归纳起来有以下几个方面的问题：

（1）较长（4～6 m），较重（20～60 kg），搬运和安装均显不便；

（2）木脚手板厚 50～60 mm，需用一等松木加工，耗材量大；用落叶松或其他较差的材料制作的木脚手板，重量大且有劈裂、翘曲的问题，不受工人欢迎；

（3）钢脚手板在雨雪天气下使用时，防滑情况仍然不甚好；

（4）竹脚手板易发生水平方面的翘曲，人员在其上行走或作业时有晃动感；

（5）沿脚手架的纵向铺放，采用搭接，造成作业面不平。且脚手板不能与其下的小横杆完全接触。常出现“探头板”情况，造成使用不安全；

（6）由于脚手板较长较重，翻架子时工人劳动强度大，亦不安全；

（7）不好管理，使用损耗较大。

因此，除针对上述存在问题采取必要的技术措施和管理措施，以继续发挥现行脚手板的效用之外，还应在脚手板方面做必要的改善和更新发展工作。总之，脚手板是向以下趋势发展的：

1）采用重量轻的高强度异型钢框和 7～9 层抗磨胶合板材质做的新型钢木定型脚手板。

2）采用横向铺放，取消搭接和避免出现“探头板”。使脚手架的表面平整以方便作业。根据脚手架的搭设宽度，可选用不同规格的脚手板。

3）脚手板连成整体并与脚手架横杆相连，以加强作业面的整体稳定性。

## 五、安全网的支搭

用里脚手架施工时，必须沿建筑物四周设置安全网，并要随楼层增高而升高。多层和高层外脚手架也要搭设安全网，以确保施工安全。

### 1．支搭安全网的材料要求

（1）安全网是用直径 9 mm 的麻绳、棕绳或尼龙绳编制而成的，一般规格为 3 m、6 m，网眼为 50 mm，凡有霉烂、腐朽、漏洞孔的均不得使用，安全网的承载力应不小于 1 600 N/m$^2$。

（2）安全网可用竹竿、杉篙或钢管等杆件架设。杉篙的梢径不得小于 70 mm，竹竿的梢径不得小于 80 mm，钢管用$\phi$48×305 mm。凡有腐朽和严重开裂的杉篙及有虫蛀、枯脆、劈裂的竹竿均禁用。

### 2．支搭安全网的操作要点

（1）支搭安全网至少需要 4 人的配合操作。如图 4-18 所示，其搭设方法是：当有窗口时，可先在窗口里、外侧各绑一道横杆，然后由两个人从下一层窗口处将斜杆绑牢，并将安全网外侧系在外横杆上，然后再将安全网里侧系在内横杆上，最后上下呼应将安全网斜向支出去。安全网伸出去的宽度不得小于 2 m，符合支出宽度后，将斜杆的下端与横杆 2 绑牢。也可以在地面上将安全网与外横杆和斜杆系好、绑扎好，然后用绳子吊上去再与内横杆绑扎后斜向伸出去。

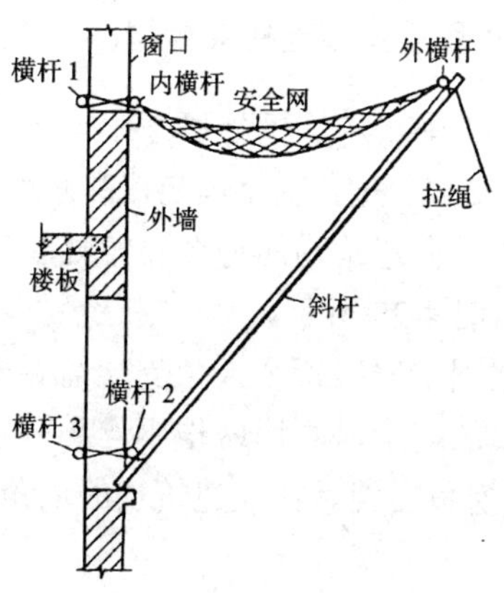


图 4-18　木、竹、钢管杆件架设的安全网

（2）在无窗口的山墙上，可在墙角设立杆来挂设安全网，也可在墙体内预埋钢筋环以支插斜杆，还可以用短钢管穿墙用回转扣件来支设斜杆，如图 4-19 所示。

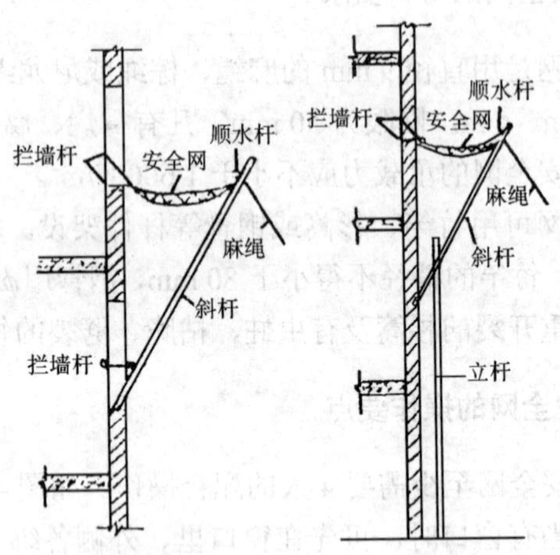


图 4-19 无窗口山墙上架设安全网的方法

（3）安全网的里口要尽量靠近墙面，空隙不得大于 150 mm。两块安全网之间要搭接牢固，不得有空隙。转角的安全网要相互拉紧并且相互绑牢。

### 3. 采用抱角式悬挑支架支搭安全网

在大板结构施工中，山墙板处可采用抱角式悬挑支架搭设安全网，该设备有抱角支架、抱角支架固定器和侧墙支撑器三部分组成。

（1）抱角支架：在建筑物的每个转角处安装一台抱角支架，用来支撑安全网，如图 4-20 所示。

（2）抱角支架固定器：每个抱角支架需要两个固定器分别卡在转角处两外墙窗口的墙上，再用两根钢丝绳分别拉住抱角支架支柱的上、下两端。使抱角支架悬挂在建筑物的墙角处，如图 4-21 所示。

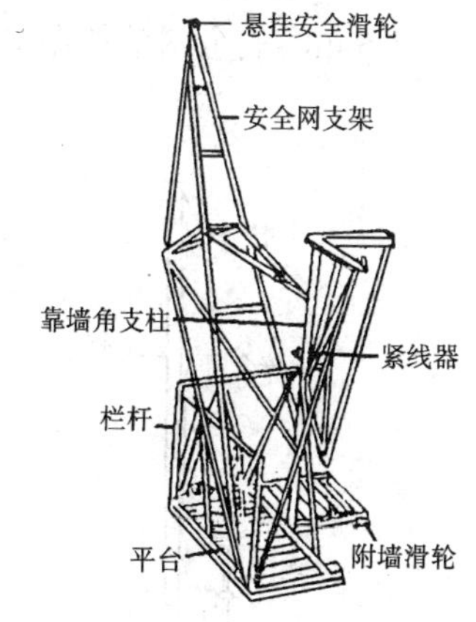


图 4-20　抱角支架

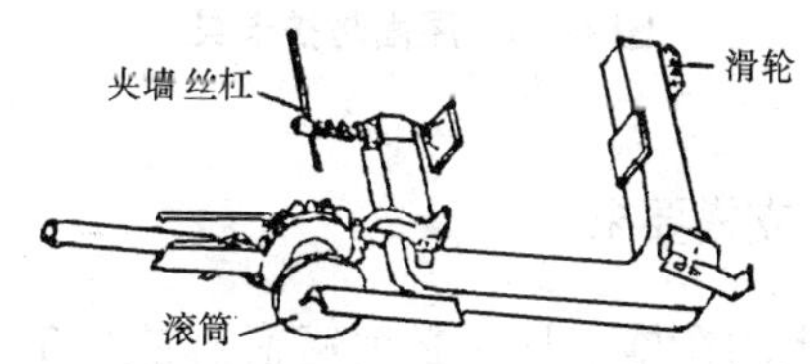


图 4-21　抱角支架固定器

（3）侧墙支撑器：为了防止安全网过长而发生下垂现象，利用外窗口固定侧墙支撑器将安全网撑起来，如图 4-22 所示。

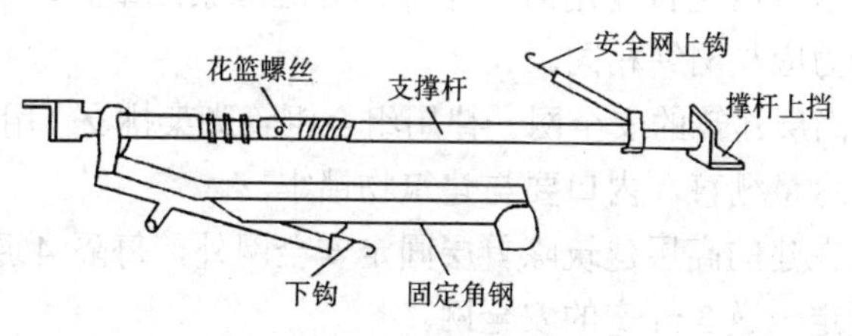


图 4-22　侧墙支撑器

（4）屋面防护卡具：在屋面施工时，可用屋面防护卡具卡在檐口板前缘，其间距为 1～1.5 m，安全网就挂在卡具的立杆上，如图 4-23 所示。

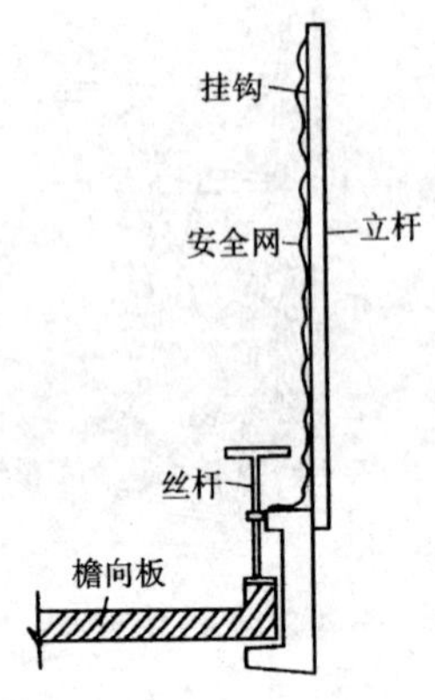


图 4-23　屋面防护卡具

#### 4．安全网的支搭要求

（1）4 m 以上的在施工程，必须随施工层支 3 m 宽的安全网，在首层必须固定一道 3～6 m 宽的双层安全网，安全网的外口要高于里口 600～800 mm。

（2）每个系点上，边绳应与支撑物靠紧，系点均匀，距离不大于 750 mm，且应牢固，不容易解开或轻易松脱。

（3）多种网连接使用时，相邻部分应靠紧或重叠，连接绳的材料和破断力应与网绳相同。

（4）高层建筑的安全网一律用组合钢管脚架挑支，用钢绳绷挂，且外沿要尽量绷直，内口要与建筑物锁牢。

（5）在建的高层建筑除首层固定安全网外，每隔 4 层或在洞口处还要固定一道 3 m 宽的安全网。

（6）首层安全网距地面的高度，水平 3 m 宽时不得小于 3 m，水平 6 m 时不得小于 5 m。

（7）烟囱、水塔等建筑物施工时，井内应设一道安全网，并要与建筑物或脚手架连接牢固。

## 六、斜道的搭设

斜道又称马道、盘道，它附设于脚手架旁，供施工人员上下脚手架用，有的斜道也兼作材料运输，此时，宽度应适当加大，坡度应适当减缓。

### 1．斜道的种类和构造要求

（1）斜道的形式有一字形和之字形两种。脚手架高度在三步以下时，可搭设一字形斜道，而在四步以上时，就应搭设之字形斜道，并要在拐弯处设置平台，如图 4-24 所示。

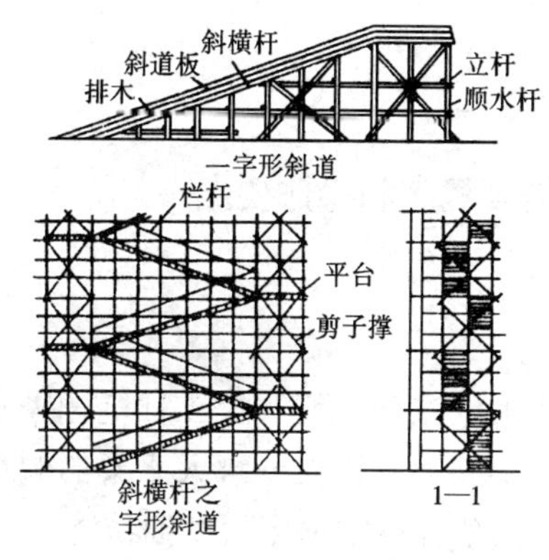


图 4-24　斜道

（2）人行斜道的宽度不得小于 1 m，坡度为 1∶3.5；运料斜道的宽度不得小于 1.5 m，坡度为 1∶6。斜道的拐弯平台面积应不小于 6 $m^2$，宽度不得小于 1.5 m，斜道两侧及拐弯平台外围，应设不低于 1 m 的护栏和 180 mm 高挡脚板。

## 2．斜道搭设的操作工艺要点

（1）一般采用杉篙和钢管搭设，其主要杆件有立杆、顺水杆、排木、斜横杆、十字盖和压栏子等。搭设时立杆和顺水杆的间距要与结构脚手架相适应，独立马道的立杆和顺水杆的间距不得大于 1.5 m，立杆埋深不得小于 500 mm，排木间距不得大于 1 m。如果斜道宽度小于 2 m 时，应在排木中间加设吊杆，并每隔一根立杆在吊杆下加绑托杆和八字撑，其绑扎的顺序和方法与杉篙脚手架基本相同。

（2）脚手板要铺平、铺牢，横铺脚手板时，在排木下要加设斜横杆，其间距为 300～500 mm。顺铺脚手板时，有两种铺法：一种是对头铺设，另一种是搭接铺设。对头铺设，两端头都要搁在排木上；搭接铺设，其搭接长度不得小于 400 mm，并要使下面的板子压在上面的板子上，再用钉子与排木钉牢。还需在脚手板上钉 20～30 mm 厚的防滑条，其间距不得大于 300 mm，在脚手板的搭接处还要用三角木填平。

# 七、棚仓的搭设程序和操作要点

## 1．搭设程序

按棚仓使用要求放立杆坑线→挖立杆坑→竖立杆→绑顺水杆→绑临时斜撑→绑底架→绑人字架→绑人字架的顺水杆及顶柱→绑脊杆及水平拉杆→绑檩条杆→铺顶屋面及油毡。

## 2．操作要点

（1）放立杆线和挖立杆坑：按照使用要求和棚仓的长、宽尺寸找方正并放立坑线。立杆的间距一般不大于 3 m，点排好立杆坑中心后，可以挖立杆坑。立杆的埋入深度不得小于 500 m，坑底要用砖、石块垫实，以防立杆下沉。

（2）竖立杆和绑扎顺水杆：挖好立杆坑后，就可竖立杆。竖立杆时最好有 3 人配合操作，其操作方法与杉篙脚手架相同，其顺序是，先竖立四角立杆，要求纵、横方向均垂直，然后再竖中间立杆并穿直。要求随竖立杆随回填立杆坑并夯实，在竖立杆的同时，绑扎好顺水杆。顺水杆至少要绑扎两道，最后一道顺水杆应绑扎双扣，檐口离地面的高度不得大于 2.5 m，顺水杆绑扎好后，将四周的扫地杆绑扎牢固。

（3）绑扎底架和人字架：在绑扎底架和人字架之前，先将四周角和中间的临时斜撑绑扎牢固，使棚仓具有一定的稳定性，然后绑扎底架和人字架。人字架的跨度不得大于 8 m，底架杉篙有效梢径不得小于 100 mm，立杆直径不得小于 120 mm，坡度不得大于 1∶2.5，出檐为 400 mm。同时在前后檐及山墙必须支斜撑。绑扎时，要先将底架绑扎牢固，然后绑扎人字架，再绑一道顺水杆，在顺水杆下绑顶柱桩杆。还要在人字架斜杆两坡的中间用一道以上的马梁连接，马梁两头与立杆下端用开口桩连接，底架两头应绑扎落地撑。按以上顺序再绑扎其他底架和人字架。

（4）绑脊杆和水平拉杆：在两个人字架的中立杆的上下两端各绑一道顺水杆，以使脊杆及下拉杆相互连接，并要求中间加绑剪刀撑。

（5）绑扎檩条杆：檩条杆随屋面所用材料的不同而不同，如为瓦面屋，檩条杆就要密一些，如为油毡屋面，檩条杆就可以疏一些，但间距不得大于 1 m，檩条杆分档要均匀，接杆的小头要压在大头下面，绑扎要顺直牢固。另外，在绑扎底架和人字架时，也可以在地面按照跨度尺寸和坡度要求预先绑扎好，再抬上去安装，这样绑扎效率高，而且安全。

## 八、受料台

### 1．类型和规格

受料台的规格尺寸，应根据施工需要及经验算后确定，一般宽度应为 2～4 m，悬挑长度为 3～6 m，悬挑方式可分为悬挑式和斜撑式，如图 4-25 所示，其设置要求与脚手架大致相同，但由于其悬挑长度和所承受的荷载比挑出式脚手架要大得多，所以必须严格要求进行设计和验算并按设计要求进行加工和安装。

**2．使用注意事项**

（1）受料台应该设在窗洞口部位，台面应与楼板取平或搁在楼板上。

（2）受料台在建筑的垂直方向应错开设置，以避免妨碍吊运物品。

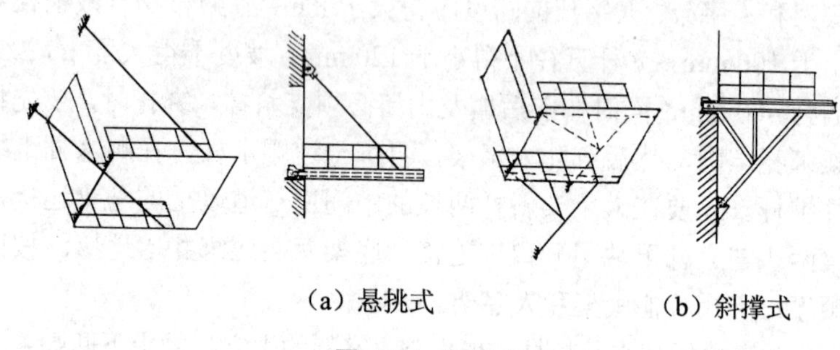

（a）悬挑式　　　　（b）斜撑式

**图 4-25　受料台**

（3）受料台外侧三面均应设置防护栏，当吊运物品超过受料台长度时，可将其端部防护栏成隔栅门，需要时打开，当受料台不能设置防护栏杆时，应在入料洞口处设置栏杆，操作人员上受料台时，必须采取有效的安全防护措施。

（4）使用中应加强检查，确保安全使用。

**复习思考题**

1. 组合式平台脚手架是由哪些杆件组装而成的？
2. 组装式平台脚手架的操作程序是什么？
3. 支柱式里脚手架有哪些形式？
4. 搭设单排和双排支柱式里脚手架都有哪些要求？
5. 龙门架是由哪些部分组成的？有哪些种类？
6. 竖立龙门架有几种方法？
7. 采用直角法竖立龙门架的操作方法是什么？

8. 井字架的规格有哪些？
9. 搭设钢管井字架有哪些操作工艺？
10. 安装天梁和天轮有哪些要求？
11. 试简述脚手板的类型和铺设形式。
12. 翻脚手板的操作要点是什么？
13. 脚手板的发展趋势是什么？
14. 支搭安全网有哪些操作工艺要点和要求？
15. 高层建筑支搭安全网有哪些规定？
16. 怎样支搭抱角式悬挑支架安全网？
17. 棚仓搭设的操作是什么？
18. 怎样用绑扎法搭设大跨度棚仓？
19. 斜道有几种形式？有哪些要求？
20. 斜道的规格尺寸有哪些要求？
21. 斜道脚手架的铺设方法和要求是什么？
22. 受料台的使用注意事项是什么？

# 第五章　模板支撑架

模板支撑架是用于建筑物的现浇混凝土模板支撑的负荷架子，承受模板、钢筋、新浇捣的混凝土和施工作业时的人员、工具等重量，其作用是保证模板面板的形状和位置不改变。

模板支撑通常采用脚手架的杆（构）配件搭设，按脚手架结构计算。

## 第一节　脚手架结构模板支撑架的类别和构造要求

### 一、模板支撑架的类别

用脚手架材料可以搭设各类模板支撑架，包括梁模、板模、梁板模和箱基模等，并大量用于梁板模板的支架中。在板模和梁板模的支架中，支撑高度大于4.0 m的，称为“高支撑架”，有早拆要求及其装置者，称为“早拆模板体系支撑架”。按其构造情况可作以下分类：

#### 1. 按构造类型划分

（1）支柱式支撑架（支柱承载的构架）。

（2）片（排架）式支撑架（由一排有水平拉杆连接的支柱形成的构架）。

（3）双排支撑架（两排立杆形成的支撑架）。

（4）空间框架式支撑架（多排或满堂设置的空间构架）。

2．按杆系结构体系划分

（1）几何不可变杆系结构支撑架（杆件长细比符合桁架规定，竖平面斜杆设置不小于均占两个方向构架框格的 1/2 的构架）。

（2）非几何不可变杆系结构支撑架（符合脚手架构架规定，但有竖平面斜杆设置的框格低于其总数 1/2 的构架）。

3．按支柱类型划分

（1）单立柱支撑架。

（2）双立柱支撑架。

（3）格构柱群支撑架（有格构柱群体形成的支撑架）。

（4）混合支柱支撑架（混用单立杆、双立杆、格构柱的支撑架）。

4．按水平构架情况分

（1）水平构造层不设或少量设置斜杆或剪刀撑的支撑架。

（2）有一或数道水平加强层设置的支撑架，又可分为：

① 板式水平加强层（每道仅为单层设置，斜杆设置≥1/3 水平框格）；

② 桁架式水平加强层（每道为双层，并有竖向斜杆设置）。

此外，单双排支撑架还有设附墙拉结（或斜撑）与不设之分，后者的支撑高度不宜大于 4 m。支撑架的所受荷载一般为竖向荷载，但箱基模板（墙板模板）支撑架则同时受竖向和水平荷载作用。

## 二、模板支撑架的设置要求

支撑架的设置应满足可靠承受模板荷载，确保沉降、变形、位移均符合规定，绝对避免出现坍塌和垮架的要求，并应特别注意确保以下三点：

（1）承载力应设在支柱或靠近支柱处，避免水平杆跨中受力。

（2）充分考虑施工中可能出现的最大荷载作用，并确保其仍有两倍的安全系数。

（3）支柱的基地绝对可靠，不得发生严重沉降变形。

## 第二节　扣件式钢管支撑架

扣件式钢管支撑架采用扣件式钢管脚手架的杆、配件搭设。

### 一、施工准备

（1）扣件式钢管支撑架搭设的准备工作，如场地清理平整等均与扣件式钢管脚手架搭设时相同。

（2）立杆布置：扣件式钢管支撑架立杆的构造基本同扣件式钢管脚手架立杆的规定。立杆的间距一般应通过计算确定。通常采取1.2～1.5 m，不得大于8 m。对较复杂的工程，应根据建筑结构的主、次梁和板的布置，模板的配板设计、装拆方式，纵横楞的安排等情况，画出支撑架立杆的布置图。

### 二、支撑架搭设

搭设方法基本同扣件式钢管外脚手架。板用满堂模板支架，在四周应设包角斜撑，四侧设剪刀撑，中间每隔四排立杆沿竖向设一道剪刀撑，所有斜撑和剪刀撑均需由底到顶连续设置。在垂直面设有斜撑和剪刀撑的部位，顶层、底层及每隔两步应在水平方向设水平剪刀撑。剪刀撑的构造同扣件式钢管外脚手架。

#### 1．立杆的接长

扣件式支撑架的高度可根据建筑物的层高而定。立杆的接长，可采用对接或搭接连接。

支撑架立杆采用对接扣件连接时，在立杆的顶端安插一个顶托，被支撑的模板荷载通过顶托直接作用在立杆上。

搭接连接采用回转扣件（搭接长度不得小于600 mm）。木板上的荷载作用在支撑架顶层的横杆上，再通过构件传到立杆。

支架立杆应竖直设置，2 m 高度的垂直允许偏差为 15 mm。设在支架立杆根部的可调底座，当其伸出长度超过 300 mm 时，应采取可靠措施确定。

当梁模板支架立杆采用单根立杆时，立杆应设在梁板中心线处，其偏心距不应大于 25 mm。

### 2．水平拉结杆设置

为加强扣件式钢管支撑架的整体稳定性，在支撑架立杆之间纵、横两个方向必须设置扫地杆和水平拉结杆。各水平拉结杆的间距（步高）一般不大于 1.6 m。

### 3．斜杆设置

为保证支撑架的整体稳定性，在设置纵、横向水平拉结杆的同时，还必须设置斜杆，具体搭设时可采取刚性斜撑或柔性斜撑。

刚性斜撑以钢管为斜撑，用扣件将它们与支撑架中的立杆和水平杆连接。

柔性斜撑采用钢筋、钢丝、铁链等材料，必须交叉布置，并且每根拉杆中均要设置花篮螺丝以保证拉杆不松弛。

## 第三节　碗扣式钢管支撑架

碗扣式钢管支撑架采用碗扣式钢管脚手架系列构件搭设。目前广泛用于现浇钢筋混凝土墙、柱、梁、楼板、桥梁、地道桥和地下行人道等工程。

在高层建筑现浇混凝土结构施工中，常将碗扣式钢管支撑架与早拆模板体系配合使用。

### 一、碗扣式钢管支撑架构造

### 1．一般碗扣式支撑架

用碗扣式钢管脚手架系列构件可以根据需要组装成不同组架密

度、不同组架高度的支撑架，其一般组架结构如图 5-1 所示。有立杆垫座（或立杆可调座）、立杆、顶杆、可调托撑以及横杆和斜杆（或斜撑、剪刀撑）等组成。使用不同长度的横杆可组成不同立杆间距的支撑架，基本尺寸见表 5-1，支撑架中框架单元的框高应根据荷载等因素进行选择。当所需要的立杆间距与标准横杆长度（或现有横杆长度）不符时，可采用两组或多组组架交叉叠合布置，横杆错层连接，如图 5-2 所示。

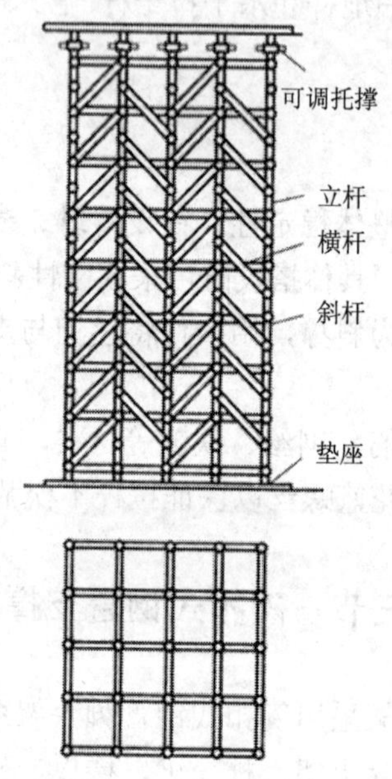


图 5-1　碗扣式支撑架

表 5-1　碗扣式钢管支撑架框架单元基本尺寸

| 类型 | A 型 | B 型 | C 型 | D 型 | E 型 |
| --- | --- | --- | --- | --- | --- |
| 基本尺寸（框长×框宽×框高)/m | 1.8×1.8×1.8 | 1.2×1.2×1.8 | 1.2×1.2×1.2 | 0.9×0.9×1.2 | 0.9×0.9×0.6 |

2．带横托撑（或可调横托撑）支撑架

如图 5-3 所示，可调横托座既可作为墙体的侧向模板支撑，又可作为支撑架的横（侧）向限位支撑。

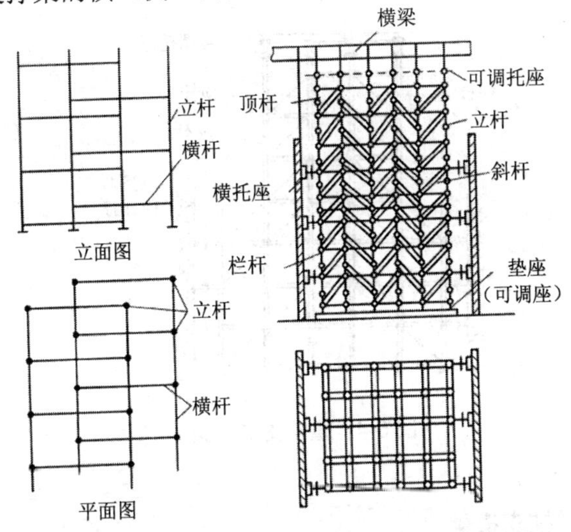


图 5-2　支撑架交叉布置　　图 5-3　带横托撑支撑架

3．底层扩大支撑架

对于楼板等荷载比较小，但支撑面积较大的模板支架，一般不必把所有立杆连成整体，可分成几个独立支架，只要高宽（以窄边计算）比小于 3∶1 即可，但至少应有两跨连成一整体。对一些重载支撑架或支撑高度较高（大于 10 m）的支撑架，则需把所有连杆连成一整体，并根据具体情况适当加设斜撑、横托撑或扩大底部架，如图 5-4 所示，用斜杆将上部支撑架的荷载部分传递到扩大部分的立杆上。

4．高架支撑架

碗口支撑架由于杆件轴心受力、杆件和节点间距定形、整架稳定性好和承载力大，特别适合于构造超高、超重的梁板模板支撑架，用于高大厅堂、结构转换层和道路工程施工中。当支架高宽（按窄边计算）比超过 5 时，应采取高架支撑架，否则需按规定设置缆风绳紧固。

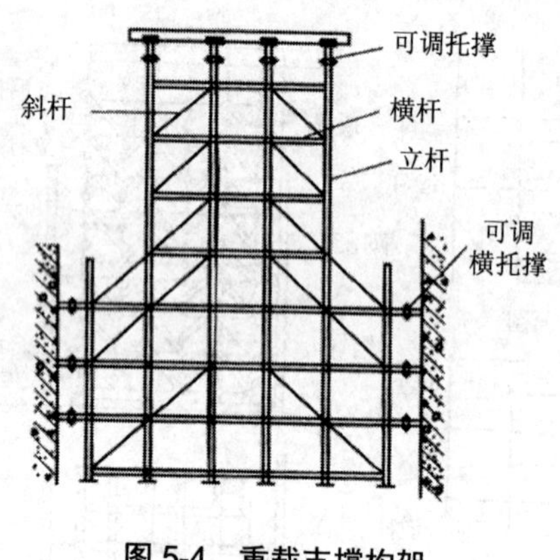


图 5-4　重载支撑构架

## 5. 支撑柱支撑架

当施工荷载较重时，应采用如图 5-5 所示碗扣式钢管支撑柱组成的支撑架。

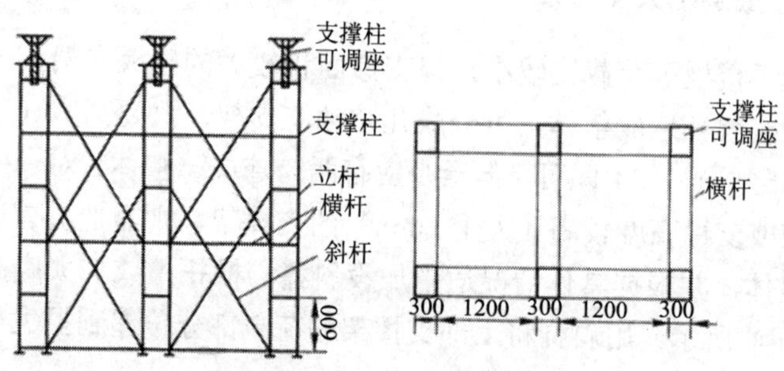


图 5-5　支撑柱支撑架构造

## 二、碗扣式钢管支撑架搭设

### 1. 施工准备

（1）根据施工要求，选定支撑架的形式及尺寸，画出组装图。

（2）按支撑架高度选配立杆、顶杆、可调底座和可调托座，列出材料明细表。

（3）支撑架地基处理要求以及防线定位、底座安放的方法均与碗扣式钢管脚手架搭设的要求及方法相同。除架立在混凝土等坚硬基础上的支撑架底座可用立杆垫座以外，其余均应设置可调底座。在搭设与使用过程中，应随时注意基础沉降。对悬空的立杆，必须调整底座，使各杆件受力均匀。

### 2. 支撑架搭设

（1）竖立杆：立杆安装同脚手架。第一步立杆的长度需一致，使支撑架的各立杆接头在同一水平面上，顶杆仅在顶端使用，以便能插入底座。

（2）安放横杆和斜杆：横杆、斜杆安装同脚手架。在支撑架四周外侧设置斜杆。斜杆可在框架单元的对角节点布置，也可以错节设置。

（3）安装横托撑：横托撑可用作侧向支撑，设置在横杆层，并两侧对称设置。如图 5-6 所示，横托撑一端由碗扣接头同横杆、支座架连接，另一端插上可调托座，安装支撑横梁。

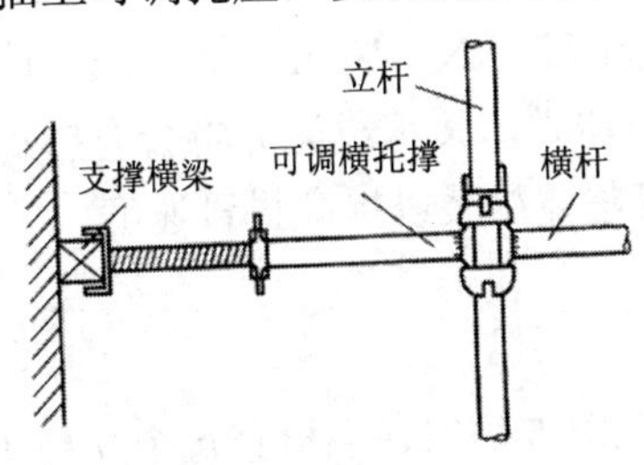


图 5-6　横托撑示意

（4）支撑柱搭设：支撑柱由立杆、顶杆和 0.30 m 横杆组成（横杆步距 0.6 m），其底部设支座，顶部设可调座，如图 5-7（a）所示，支柱长度可根据施工要求确定。

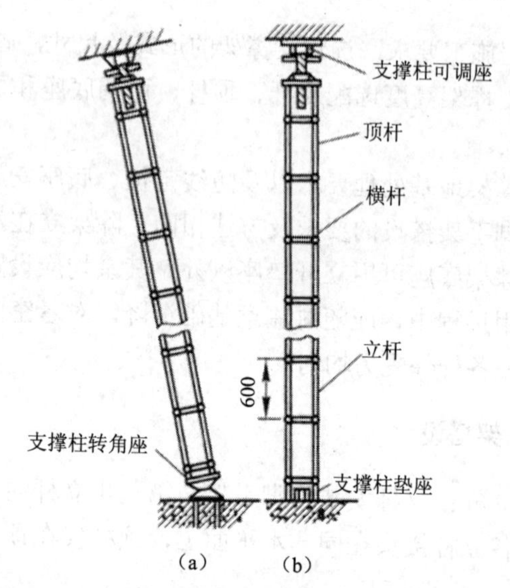


图 5-7　支撑柱构造

支撑柱下端装普通垫座或可调垫座，上墙装入支座柱可调座，如图 5-7（b）所示，斜支撑柱下端可采用支撑柱转角座，可调角度为 10°，如图 5-7（a）所示，应用地锚将其固定牢固。

支撑柱的允许荷载随高度的加大而降低：$H \leqslant 5$ m 时为 140 kN；5 m$<H \leqslant$10 m 时为 120 kN；10 m$<H \leqslant$15 m 时为 100 kN。当支撑柱间用横杆连成整体时，其承载能力将会有所提高。支撑柱也可以预先拼装，现场可整体吊装以提高搭设速度。

### 3．检查验收

支撑架搭设到 3～5 层时，应检查每个立杆（柱）底座下是否浮动或松动，否则应旋紧可调底座或用薄铁片填实。

## 第四节　模板支撑架的检查、验收和使用安全管理

### 一、使用前的检查验收

模板支撑及满堂脚手架组装完毕后应对下列各项内容进行检查验收：

（1）门架设置情况。

（2）交叉支撑、水平架及水平加固杆、剪刀撑及脚手板配置情况。

（3）门架横杆荷载状况。

（4）底座、顶托螺旋杆伸出长度。

（5）扣件紧固扭力矩。

（6）垫木情况。

（7）安全网设置情况。

### 二、安全使用注意事项

（1）可调底座顶托应采取防止砂浆、水泥浆等污物填塞螺纹的措施。

（2）不得采用使门架产生偏心荷载的混凝土浇筑顺序，采用泵送混凝土时，应随浇随捣随平整，混凝土不得堆积在泵送管路出口处。

（3）应避免装卸物料对模板支撑和脚手架产生偏心振动和冲击。

（4）交叉支撑、水平加固杆剪力撑不得随意拆卸，因施工需要临时局部拆卸时，施工完毕后应立即恢复。

（5）拆除时应采用先搭后拆的施工顺序。

（6）拆除模板支撑及满堂脚手架时应采用可靠安全措施严禁高空抛掷。

## 第五节　模板支撑架的拆除

模板支撑架必须在混凝土达到规定的强度后才能拆除。支撑架的拆除要求与相应脚手架拆除的要求相同。

支撑架的拆除，除应遵守相应脚手架拆除的有关规定外，根据支撑架的特点，还应注意：

（1）支撑架拆除前，应由单位工程负责人对支撑架作全面检查，确定可拆除时方可拆除。

（2）拆除支撑架前应先松动可调螺栓，拆下模板并运出后，才能拆除支撑架。

（3）支撑架拆除应从顶层开始逐层往下拆，先拆可调托撑、斜杆、横杆，后拆立杆。

（4）拆下的构配件应分类捆绑、吊放到地面，严禁从高空抛掷到地面。

（5）拆下的构配件应及时检查、维修、保养。

（6）门架宜倒立或平放。平放时应相互对齐，剪刀撑、水平撑、栏杆等应绑扎成捆堆放。其他小配件应装入小木箱内保管。

**复习思考题**

1．模板支撑架的类别及设置要求是什么？

2．扣件式钢管支撑架的构造是什么？

3．碗扣式支撑架的构造及搭设要求是什么？

4．模板支撑架使用前的检查验收有哪些步骤？

5．模板支撑架的安全使用注意事项有哪些？

6．模板支撑架的拆除要求是什么？

# 第六章　脚手架辅助工具和设备

## 第一节　地锚的埋设

### 一、地锚埋设的要求和性能

#### 1．地锚的用途

地锚是架子工程和吊装工程不可缺少的设备，用它可以固定缆风绳、卷扬机、地轮等。地锚的埋设质量将直接影响脚手架的承载能力。

工程中常见的地锚有埋桩地锚、打桩地锚和捆龙地锚等。

#### 2．埋桩地锚的埋设与性能

埋桩地锚是用直径为200～260 mm、长度为2 m的木桩竖斜向埋深1.6 m，再用挡木将锚桩前后上下卡住，然后将土回填夯实，如图6-1所示，其承受的拉力可达20kN，如将2～3根桩捆在一起埋设挡木也增加1～2根，其承受的拉力可提高1倍。

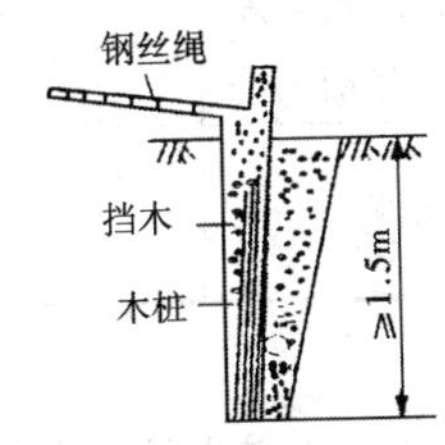

图6-1　埋桩地锚的埋设

#### 3．打桩地锚的埋设与性能

打桩地锚是用直径为180～220 mm，桩长为1.5～2 m，打入土内深度为1.2 m，并在地面以下0.4 m处埋一根1 m的挡木，以增加土的抵抗力，这种打桩地锚能承受 10～20kN 的拉力，也可将两根或三根桩串列在一起，用铅丝互相拉结使用，如图 6-2 所示，两根桩径为 200～260 mm 的桩串列起来，可以承受 30～50kN 的拉力。

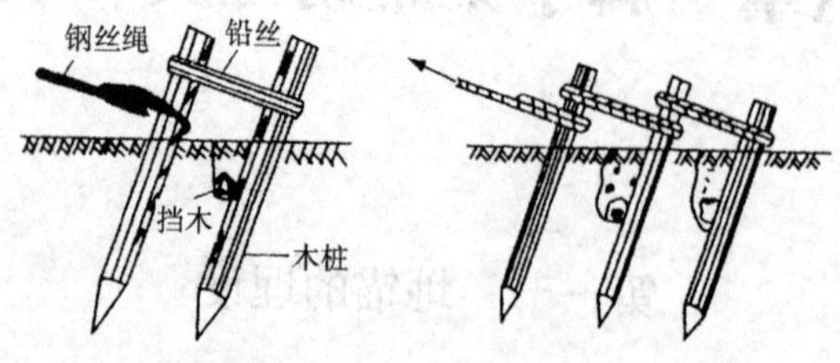


图 6-2 打桩地锚的埋设

打桩地锚的用料和技术性能见表 6-1。

表 6-1 打桩地锚的用料与技术性能

| 作用荷载/kN | | 9.8 | 14.7 | 19.6 | 29.4 | 39.2 | 49 | 58.8 | 78.4 | 98 |
|---|---|---|---|---|---|---|---|---|---|---|
| 本桩根数/根 | | | 1 | | | 2 | | | 3 | |
| 本桩直径/cm | 第一根 | 18 | 20 | 22 | 22 | 25 | 26 | 28 | 30 | 33 |
| | 第二根 | | | | 20 | 22 | 24 | 22 | 25 | 26 |
| | 第三根 | | | | | | | 20 | 22 | 24 |
| 土的最小允许压力/MPa | | 1.47 | 1.96 | 2.74 | 1.47 | 1.96 | 2.74 | 1.47 | 1.96 | 2.32 |
| 示意图 | | | | | | | | | | |

## 4．捆龙地锚的埋设与性能

捆龙地锚是用直径为 250 mm，长为 1.2 m 的木料埋深 1.7 m 而形成的，其单根承受的拉力大于 30 kN，三根可承受 50 kN 的拉力，如图 6-3 所示。

图 6-3　捆龙地锚的埋设

## 二、地锚的埋设及使用

### 1. 地锚埋设

（1）根据土质情况按设计尺寸开挖土方，开挖的槽坑要求规整。

要选择好地锚的埋设位置，如在地锚基坑的前方，约坑深 2.5 倍的范围内不得有地沟、电缆、地下管道等。地锚埋设的地点要平整、不潮湿、无积水，因为雨水渗入坑内会泡软回填土而降低承载力。

（2）在山区施工，地锚的位置在前坡时，坑底前的挡土墙长度不得小于基坑深度的 3 倍。

（3）重视回填土的质量，因为它是地锚承载力的关键。因此，必须按操作规程回填土，每隔 300 mm 夯实一次，回填土要高出基坑四周 400 mm，以防止雨水或积水流入基坑。

### 2. 地锚的使用要求和注意事项

（1）地锚较多时，必须在使用前将其编号，编号位置应在绳扣出土点的上方，这样在使用时，便于指挥，不会错乱。

（2）地锚只允许在规定的方向受力，并不能超载使用。重要位置的地锚必须经过试拉后方能使用。

（3）在使用过程中，应有专人负责检查，如发现有变形或异常现象，要及时采取措施，避免发生事故。

（4）地锚的绳索与地面的夹角以 30°左右为宜。

（5）地锚的前方和周围不允许取土。

（6）在使用旧地锚之前，必须掌握其实际情况，如许用拉力、受力方向、埋设日期等，否则不得使用。

（7）将建筑物或构筑物用做地锚时，必须经过验算，证明安全可靠时方可使用。

## 第二节　插编钢丝绳的绳套与接长

### 一、钢丝绳的构造

在结构吊装施工中常用的钢丝绳是由六束绳股和一根绳芯捻成，绳股是由许多根直径为 0.4～4 mm，强度为 1 400～2 000 N/mm$^2$ 的钢丝捻成。

### 二、钢丝绳的种类

钢丝绳的种类很多，有多种分类方法，但常见的有以下三种。

#### 1．按钢丝绳的结构组成分类

（1）6×19+1，即 6 股，每股 19 丝，一个麻芯。此种钢丝绳较硬、耐磨，但不易弯曲，可作为缆风和吊索用。

（2）6×37+1，即 6 股，每股 37 丝，一个麻芯。此种钢丝绳较柔软，常用来穿滑车组和作吊索用。

（3）6×61+1，即 6 股，每股 61 丝，一个麻芯。此种钢丝绳主要用于重型机械。

#### 2．按钢丝绳的编扭方向分类（图 6-4）

（1）左同向捻，即股和绳均向左捻。

（2）右同向捻，即股和绳均向右捻。

（3）左交互捻，即股向左捻，绳向右捻。

（4）右交互捻，即股向右捻，绳向左捻。

（a）右交互捻

（b）左交互捻

（c）右同向捻

（d）左同向捻

图 6-4　不同编扭方向的钢丝绳

### 3．按钢丝的强度分

可分为 5 个等级，见表 6-2、表 6-3、表 6-4。

表 6-2　6×19 钢丝绳的主要数据

| 直径/mm | | 全部钢丝的截面积/$mm^2$ | 参考质量/（kg/100 m） | 钢丝强度极限/（N/$mm^2$） | | | | |
|---|---|---|---|---|---|---|---|---|
| | | | | 1 372 | 1 519 | 1 666 | 1 813 | 1 960 |
| 钢丝绳 | 钢丝 | | | 钢丝破断拉力总和/N | | | | |
| 6.2 | 0.4 | 14.32 | 13.53 | 19 600 | 21 658 | 23 814 | 19 992 | 28 028 |
| 7.7 | 0.5 | 22.37 | 21.14 | 30 674 | 33 908 | 37 240 | 40 474 | 43 806 |
| 9.3 | 0.6 | 32.22 | 30.45 | 44 198 | 48 902 | 53 606 | 58 408 | 63 112 |
| 11.0 | 0.7 | 43.85 | 41.44 | 60 074 | 66 542 | 73 010 | 79 478 | 85 946 |
| 12.5 | 0.8 | 57.27 | 54.12 | 78 493 | 36 926 | 95 354 | 103 390 | 112 210 |
| 14.0 | 0.9 | 72.49 | 63.50 | 98 980 | 109 760 | 120 540 | 131 320 | 141 610 |
| 15.5 | 1.0 | 84.49 | 89.57 | 122 500 | 135 730 | 148 960 | 162 190 | 174 930 |
| 17.0 | 1.1 | 108.28 | 102.30 | 148 470 | 164 150 | 180 320 | 196 000 | 212 170 |
| 18.5 | 1.2 | 128.87 | 121.3 | 176 400 | 195 510 | 214 620 | 233 240 | 252 350 |
| 20.0 | 1.3 | 151.24 | 142.9 | 207 270 | 229 320 | 251 860 | 273 910 | 295 960 |
| 21.5 | 1.4 | 175.40 | 165.3 | 240 590 | 266 070 | 292 040 | 317 520 | 343 490 |
| 23.0 | 1.5 | 201.35 | 190.3 | 275 870 | 305 760 | 305 760 | 364 560 | 394 450 |
| 24.5 | 1.6 | 29.09 | 216.5 | 314 090 | 347 900 | 381 220 | 415 030 | 448 840 |

| 直径/mm | | 全部钢丝的截面积/mm² | 参考质量/(kg/100 m) | 钢丝强度极限/(N/mm²) | | | | |
|---|---|---|---|---|---|---|---|---|
| | | | | 1 372 | 1 519 | 1 666 | 1 813 | 1 960 |
| 钢丝绳 | 钢丝 | | | 钢丝破断拉力总和/N | | | | |
| 26.0 | 1.7 | 259.63 | 244.4 | 354 760 | 392 490 | 430 710 | 468 440 | 606 660 |
| 28.0 | 1.8 | 289.95 | 274.0 | 397 390 | 440 020 | 432 650 | 525 280 | 567 910 |
| 31.0 | 2.0 | 357.96 | 338.3 | 490 980 | 542 430 | 596 330 | 648 760 | 701 190 |
| 34.0 | 2.2 | 443.13 | 409.3 | 593 880 | 657 580 | 721 280 | 784 930 | — |
| 37.0 | 2.4 | 515.46 | 487.1 | 707 070 | 782 530 | 858 480 | 934 430 | — |
| 40.0 | 2.6 | 604.95 | 571.7 | 829 570 | 918 750 | 1 004 500 | 1 092 700 | — |
| 43.0 | 2.3 | 701.99 | 663.0 | 962 360 | 1 063 300 | 1 162 200 | 1 269 100 | — |
| 46.0 | 3.0 | 805.41 | 761.1 | 1 102 500 | 1 220 100 | 1 337 700 | 1 460 200 | — |

### 表 6-3　6×61 钢丝绳的主要数据

| 直径/mm | | 全部钢丝的截面积/mm² | 参考质量/(kg/100 m) | 钢丝强度极限/(N/mm²) | | | | |
|---|---|---|---|---|---|---|---|---|
| | | | | 1 372 | 1 519 | 1 666 | 1 813 | 1 960 |
| 钢丝绳 | 钢丝 | | | 钢丝破断拉力总和/N | | | | |
| 11.0 | 0.4 | 45.97 | 43.21 | 63 014 | 69 776 | 76 538 | 83 300 | 89 180 |
| 14.0 | 0.5 | 71.83 | 67.52 | 98 490 | 108 780 | 119 560 | 129 850 | 140 630 |
| 16.5 | 0.6 | 103.43 | 97.22 | 141 610 | 156 300 | 171 990 | 187 180 | 202 370 |
| 19.5 | 0.7 | 140.78 | 132.3 | 193 060 | 213 640 | 234 220 | 254 800 | 275 870 |
| 22.0 | 0.8 | 183.88 | 172.8 | 251 860 | 279 300 | 306 250 | 333 200 | 360 150 |
| 25.0 | 0.9 | 232.72 | 218.8 | 318 990 | 353 290 | 387 590 | 421 890 | 455 700 |
| 27.5 | 1.0 | 287.31 | 270.1 | 393 960 | 436 100 | 478 240 | 520 370 | 563 010 |
| 30.0 | 1.1 | 347.65 | 326.8 | 476 770 | 527 730 | 579 180 | 630 140 | 631 100 |
| 33.0 | 1.2 | 413.73 | 388.9 | 567 420 | 628 180 | 688 940 | 749 700 | 310 460 |
| 36.0 | 1.3 | 485.55 | 456.4 | 665 910 | 737 450 | 808 500 | 880 040 | 951 580 |
| 38.5 | 1.4 | 563.13 | 529.3 | 772 240 | 855 050 | 937 860 | 1 019 200 | 1 102 500 |
| 41.5 | 1.5 | 646.45 | 607.7 | 886 900 | 980 000 | 1 073 100 | 1 171 100 | 1 264 200 |
| 44.0 | 1.6 | 735.51 | 691.4 | 1 004 500 | 1 117 200 | 1 225 000 | 1 332 800 | 1 440 600 |
| 47.0 | 1.7 | 830.33 | 780.5 | 1 136 800 | 1 259 300 | 1 381 800 | 1 504 300 | 1 626 800 |
| 50.0 | 1.8 | 930.88 | 875.0 | 1 274 000 | 1 411 200 | 1 548 400 | 1 685 600 | 1 822 800 |
| 55.5 | 2.0 | 1 149.24 | 1080.3 | 1 572 900 | 1 744 400 | 1 911 000 | 2 082 500 | 2 249 100 |
| 61.0 | 2.2 | 1 390.58 | 1 307.1 | 1 906 100 | 2 111 900 | 2 312 800 | 2 518 600 | — |

| 直径/mm | | 全部钢丝的截面积/$mm^2$ | 参考质量/（kg/100 m） | 钢丝强度极限/（$N/mm^2$） | | | | |
|---|---|---|---|---|---|---|---|---|
| 钢丝绳 | 钢丝 | | | 1 372 | 1 519 | 1 666 | 1 813 | 1 960 |
| | | | | 钢丝破断拉力总和/N | | | | |
| 66.5 | 2.4 | 1 654.91 | 1 555.6 | 2 268 700 | 2 513 700 | 2 753 300 | 2 998 800 | — |
| 72.0 | 2.6 | 1 942.22 | 1 825.7 | 2 660 700 | 2 949 800 | 3 234 000 | 3 513 200 | — |
| 77.5 | 2.3 | 2 252.51 | 2 117.4 | 3 087 000 | 3 420 200 | 3 748 500 | 4 081 700 | — |
| 83.0 | 3.0 | 2 585.79 | 2 430.6 | 3 547 600 | 3 924 900 | 4 307 100 | 468 440 | — |

**表 6-4 6×37 钢丝绳的主要数据**

| 直径/mm | | 全部钢丝的截面积/$mm^2$ | 参考质量/（kg/100 m） | 钢丝强度极限/（$N/mm^2$） | | | | |
|---|---|---|---|---|---|---|---|---|
| 钢丝绳 | 钢丝 | | | 1 372（140） | 1 519（155） | 1 666（170） | 1 813（185） | 1 960（200） |
| | | | | 钢丝破断拉力总和/N | | | | |
| 8.7 | 0.4 | 27.88 | 26.21 | 38 220 | 42 336 | 46 354 | 50 470 | 54 586 |
| 11.0 | 0.5 | 43.57 | 40.96 | 59 682 | 66 150 | 72 520 | 78 988 | 85 358 |
| 13.0 | 0.6 | 62.74 | 58.98 | 86 044 | 95 256 | 104 370 | 113 680 | 122 500 |
| 15.0 | 0.7 | 85.30 | 80.57 | 117 110 | 129 360 | 142 100 | 154 350 | 167 090 |
| 17.5 | 0.8 | 111.53 | 104.8 | 152 880 | 169 050 | 185 710 | 201 880 | 218 540 |
| 19.5 | 0.9 | 141.16 | 132.7 | 193 550 | 209 230 | 234 710 | 255 780 | 276 360 |
| 21.5 | 1.0 | 174.27 | 163.3 | 238 630 | 264 600 | 290 080 | 315 560 | 341 530 |
| 24.0 | 1.1 | 210.87 | 198.2 | 289 100 | 319 970 | 350 840 | 382 200 | 413 070 |
| 26.0 | 1.2 | 250.95 | 235.9 | 343 980 | 380 730 | 417 970 | 454 720 | 491 470 |
| 28.0 | 1.3 | 294.52 | 276.8 | 403 760 | 447 370 | 490 490 | 533 610 | 577 220 |
| 30.0 | 1.4 | 341.57 | 321.1 | 468 440 | 518 420 | 568 890 | 618 870 | 669 340 |
| 32.5 | 1.5 | 392.11 | 368.6 | 537 530 | 595 350 | 653 170 | 710 500 | 768 320 |
| 34.5 | 1.6 | 446.13 | 419.4 | 612 010 | 677 670 | 742 840 | 808 500 | 874 160 |
| 36.5 | 1.7 | 503.64 | 473.4 | 690 900 | 764 890 | 838 880 | 912 890 | 984 900 |
| 39.0 | 1.8 | 564.63 | 530.8 | 774 200 | 857 500 | 940 310 | 1 019 200 | 1 102 500 |
| 43.0 | 2.0 | 697.08 | 655.3 | 955 990 | 1 058 400 | 1 161 300 | 1 259 300 | 1 362 200 |
| 47.5 | 2.2 | 843.47 | 792.9 | 1 156 400 | 1 278 900 | 1 401 400 | 1 528 800 | — |
| 52.0 | 2.4 | 1 003.80 | 943.6 | 1 376 900 | 1 523 900 | 1 670 900 | 1 817 900 | — |
| 56.0 | 2.6 | 1 178.07 | 1 107.4 | 1 612 100 | 1 788 500 | 1 960 000 | 2 131 500 | — |
| 60.5 | 2.8 | 1 366.28 | 1 234.3 | 1 871 800 | 2 072 700 | 2 273 600 | 2 474 500 | — |
| 65.0 | 3.0 | 1 568.43 | 1 474.3 | 2 151 100 | 2 381 400 | 2 611 700 | 2 842 000 | — |

## 三、钢丝绳的规格和性能

钢丝绳的规格性能如表 6-2、表 6-3、表 6-4 所示。

## 四、钢丝绳的报废标准

钢丝绳在使用中，特别是在吊装作业中反复受到拉伸、弯曲、挤压和扭转，钢丝绳表面与滑车、卷筒表面间有摩擦，绳股之间也有摩擦，所以钢丝绳使用一段时间以后就会产生断丝或磨损，如果保管维护不好，还会生锈腐蚀，而使钢丝绳的承载力降低。因此，为了使用安全，规定了以下几方面的报废标准。

（1）钢丝绳的断丝数：在一个节距内交互捻的达到 10%，同向捻的达 5%时就应报废，见表 6-5。一个节距是指绳股绕一周的轴线长度，一般约为钢丝绳直径的 8 倍。其具体测定的方法是在任何一股做出记号，然后，从这一股沿着钢丝绳数出 6 股，那么从第一股到第七股的长度，就是一个节距，如图 6-5 所示。

表 6-5　钢丝绳报废标准（一个节距内的断丝数）

| 采用的安全系数 | 钢丝绳种类 | | | | | |
|---|---|---|---|---|---|---|
| | 6×19+1 | | 6×37+1 | | 6×61+1 | |
| | 交互捻 | 同向捻 | 交互捻 | 同向捻 | 交互捻 | 同向捻 |
| 5 以下 | 12 | 6 | 22 | 11 | 36 | 18 |
| 6～7 | 14 | 7 | 26 | 13 | 38 | 19 |
| 7 以上 | 16 | 8 | 30 | 15 | 40 | 20 |

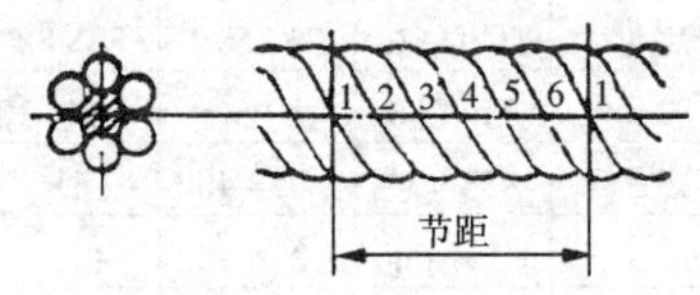


图 6-5　钢丝绳的节距

（2）钢丝绳径向磨损率：钢丝绳径向磨损或腐蚀超过原直径的40%就应报废；当不到40%时，可按表6-6折减断丝数报废。

表6-6　钢丝绳报废标准降低率

| 钢丝绳表面腐蚀或磨损程度（以每根钢丝的直径计）/% | 在一个节距内断丝数按规定所列标准剩下列数值 |
|---|---|
| 10 | 0.85 |
| 15 | 0.75 |
| 20 | 0.70 |
| 25 | 0.60 |
| 30 | 0.50 |
| 40 | 报废 |

（3）吊运炽热金属和危险器皿的钢丝绳报废断丝数：取通用起重机钢丝绳报废断丝数的1/2，其中包括表面磨损或腐蚀进行折减。

（4）钢丝绳整股断。

（5）钢丝绳直径减小7%～10%。

（6）麻芯外露。

（7）钢丝绳打死结、有死弯。

（8）局部外层钢丝绳伸长呈笼形或破股。

（9）钢丝绳有明显的腐蚀现象。

## 五、钢丝绳的插编方法

### 1．钢丝绳的插编工具及其用途

扁头锥子：插入钢丝缝隙用。

扁钩头锥子：钩出绳芯用。

圆锥子：用来插绳扣和绑绳扣。

弯锥子：用来抠出绳芯。

小刀：用来割绳芯。如图6-6所示。

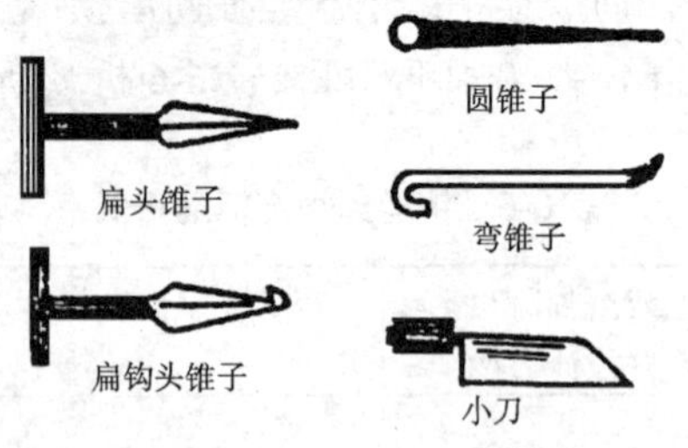


图 6-6 钢丝绳的插编工具

### 2. 钢丝绳的插编方法

（1）插编绳套：插接绳套就是将钢丝绳绳头各股分开来，编插到一根钢丝绳的股缝中去，制作成绳套。这一过程也称为插绳扣。插绳扣所用的钢丝绳，一般采用 6×37 交互捻揉性较好的钢丝绳。由于这种钢丝绳丝数多，柔性好，插编起来比较容易，且在起重过程中，能够减小应力集中。钢丝绳的插编接长一般规定要大于或等于钢丝绳直径的 20～25 倍，但不得小于 300 mm。在插编前先要量好破头长度，一般破头长度为钢丝绳插编长度的 1.5～2 倍。要注意在不破处必须要用细铅丝缠紧系牢，防止破头后散开，同时在破头拆开绳头后，要用电工胶布将各股端部包好，以防股端钢丝松散。

（2）插编法一般说来有 5 种：一进一、一进二、一进三、一进四和一进五。最常用的是一进三插编法，因为这种方法较其他方法比较起来，具有省力、简易、比较牢固等特点，另外一进五插法经常用于钢丝绳小接。为了便于介绍插法，现将钢丝绳缝数和破头进行编号。如图 6-7 和图 6-8 所示。

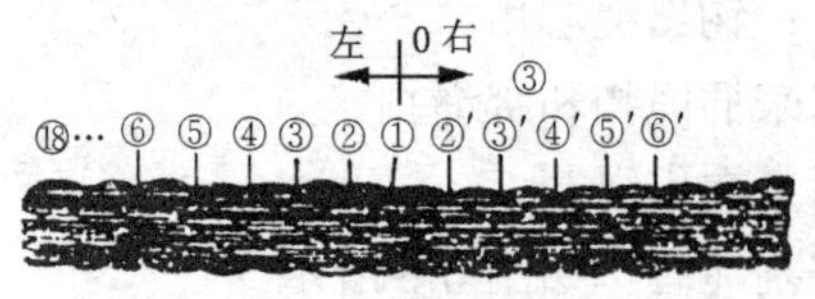


图 6-7 钢丝绳缝数编号

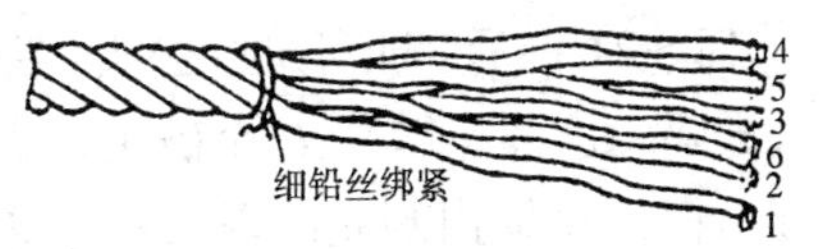


图 6-8　钢丝绳破头编号

钢丝绳缝数编号从 1 往左分别为①、②、③……①往右分别为②′、③′、④′、⑤′、⑥′；破绳头根数的编号分别为 1、2、3、4、5、6。

（3）一进三插编法：就是从被插入钢丝绳的第一个缝内分别插进破头 1、2、3。具体做法如下：

如图 6-9（a）所示，第一锥从①进入，由④′引出 1；第二锥从①进入，由③′引出 2，第三锥从①进入，由②′引出 3；第四锥从②进入，由①引出 4，如图 6-9（b）所示；第五锥从③进入，由②引出 5，如图 6-9（c）；从第七锥至第十八锥，都是每隔一缝插进两股引出一个破头来。

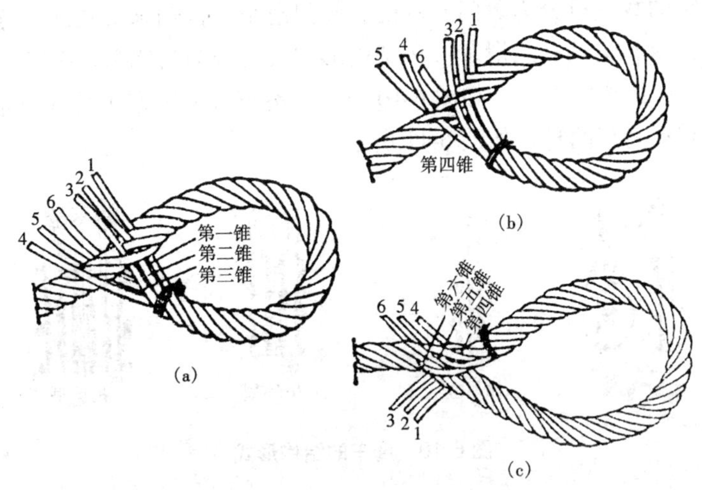


图 6-9　钢丝绳的一进三插编法

一般情况下，不管是哪种插绳扣的方法，进锥的次数均可在 18～

21 锥。当破头插到 18～21 锥后，即可进行去头。去头一般有两种情况：小去隔一；大去隔二。隔一即是 6 个破头要依次每隔一缝割掉一个头的剩余部分。在 6 个缝内割完；隔二就是将 6 个破头依次每隔两个缝割掉一个头的剩余部分。前者用得比较普遍，后者多用于较长的绳扣。

## 第三节　滑车与滑车组的使用

### 一、滑车的种类和规格

#### 1．滑车的种类

滑车又叫葫芦，其作用是既可以省力，又可以改变用力的方向，是起重机和土拔杆中的主要组成部分。滑车的种类有很多，按所用的制作材料可分为木滑车和钢滑车，在吊装施工中均采用钢滑车；按滑轮的数量可分为单门、双门和多门滑车；按轴承形式又可分为滑动轴承和滚动轴承滑车；按结构形式又可分为吊钩型、链环型、吊环型、吊梁型滑车，如图 6-10 所示。滑车按使用方式又可分为定滑车和动滑车两种，如图 6-11 所示。

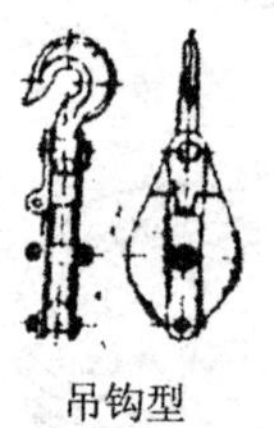

吊钩型　　链环型

吊环型

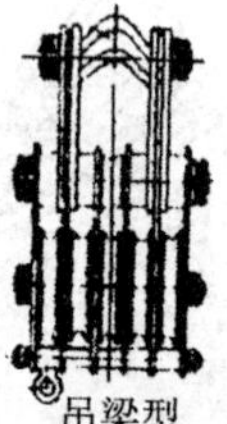

吊梁型

图 6-10　滑车的结构形式

#### 2．滑车的许用荷载

滑车的许用荷载，根据滑轮和轴的直径确定，滑车上一般都标明，使用时应根据其标定的数值选用，不能超过。同时滑轮直径还应符合与钢丝绳直径的比例关系。双门滑车的许用荷载为同直径单门滑车许用荷载的 2 倍；三门滑车的许用荷载为单门滑车的 3 倍；依此类推。如果知道一个四门滑车的许用荷载为 200 kN，则其中一个滑轮的许用荷载为 200/4＝50 kN。即对于这个四门滑车，若只有一个滑轮工作，只能承担 50 kN 的荷载。

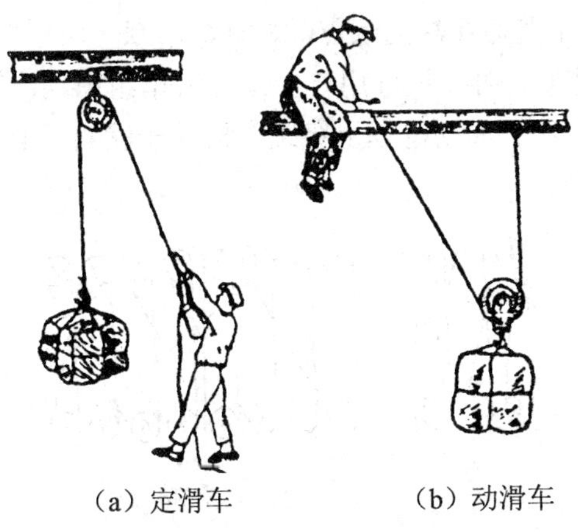

（a）定滑车　　（b）动滑车

图 6-11　滑车的使用方式

## 二、滑车组的绳索穿法

滑车组是由一定数量的定滑车和动滑车及绕过它们的绳索组成的简单起重工具。它既省力又能改变用力方向。滑车组根据跑头（滑车组的引出绳头）引出的方向不同分为三种，如图 6-12 所示。

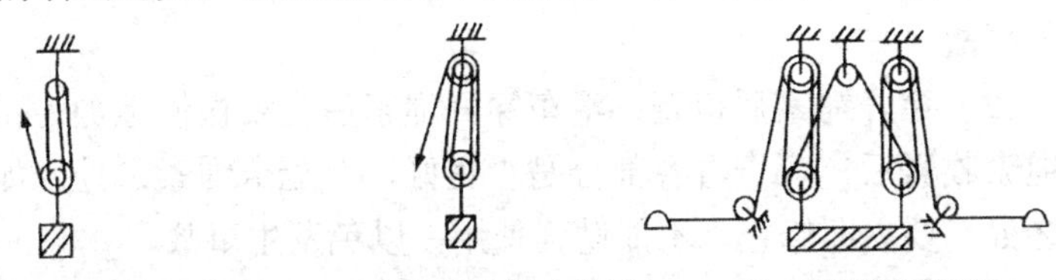

（a）跑头自动滑车绕出　（b）跑头自定滑车绕出　（c）双联滑车组

图 6-12　滑车组的种类

滑车组的绳索有普通穿法和花穿法两种：

（1）普通穿法：是将绳索自一侧滑轮开始，顺序穿过中间滑轮，最后从另一侧滑轮引出，如图 6-13（a）所示。这种穿法虽然简单，但在滑车组工作时，两侧钢丝绳的拉力相差较大，如跑头 7 位置的拉力最大，第 6 根次之，固定头受力最小，使滑车组在工作时不平稳。

（2）花穿法的跑头从中间滑轮引出，两侧钢丝绳的拉力相差很小，从而克服了普通穿法的缺点，如图 6-13（b）所示。所以在用“三三”以上的滑车组时，最好用花穿法。滑车组中动滑车上穿绕绳子的根数称“走几”，如动滑车上穿绕 3 根绳子就叫“走 3”，具体穿法如图 6-14 所示。

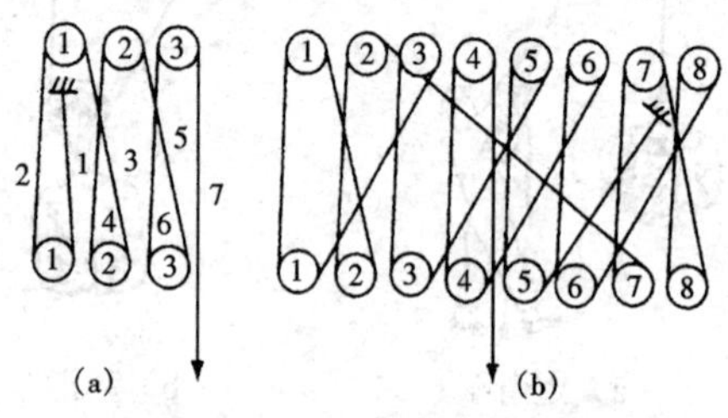


图 6-13　滑车组绳索的普通穿法

## 三、使用滑车及滑车组时的注意事项

（1）使用前的检查：使用前必须查明滑轮的允许荷载，防止超载使用。还应检查滑轮的轮槽、轮轴、吊钩、夹板等各部分，看有无损伤、裂缝等情况，滑轮的转动是否灵活等，防止在使用中发生意外事故。

（2）穿好绳索后检查：滑车穿好绳索后先要慢慢地加力试吊，在绳索收紧后，应查看各部分是否良好，有无卡绳索之处，如有不妥之处，要立即修正，不能勉强使用，以免发生事故。

（3）起吊时的检查：检查滑轮的吊钩中心与起吊物体的重心是否在一条铅垂线上，防止物体在起吊后不平稳，发生碰撞等事故。

（4）滑车组在上下滑车之间的最小距离一般为 700～1 200 mm。

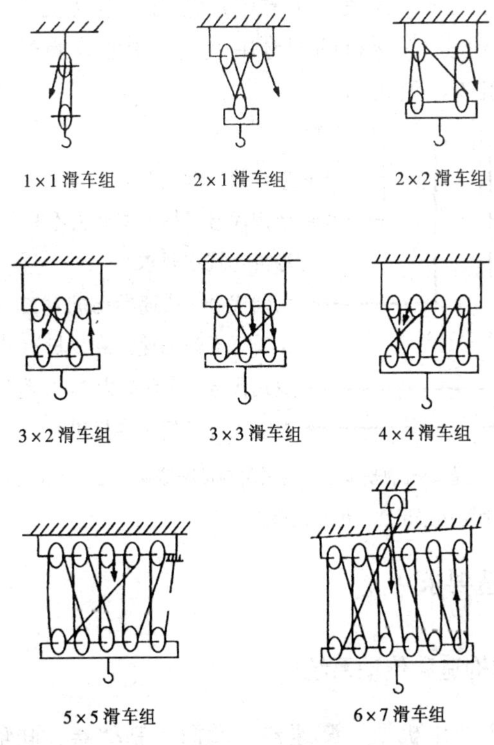


图 6-14　滑车组绳索的花穿法

（5）对滑车进行保养：滑车在使用前和使用后，都要刷洗干净，轮轴要加油润滑，这样在工作时既省力，又可以减少磨损和防止锈蚀。

## 第四节　卷扬机的使用

卷扬机是驱动卷筒卷绕绳索完成牵引工作的装置，用于垂直提升重物和沿倾斜或水平面牵移重物。卷扬机的结构紧凑，操作和转移方便，是建筑工程施工中一种主要起重设备，得到普遍使用。

卷扬机种类很多，按动力分有手动、电动、内燃、液压等形式；按卷筒数量分有单卷筒、双卷筒、多卷筒等多种；按速度分有快速、慢速和调速等几种。在建筑工程中，常用以电动机为动力的单卷筒和双卷筒卷扬机。卷扬机的型号由型式、类组、特性、主参数及变型更新代号组成，说明如下：

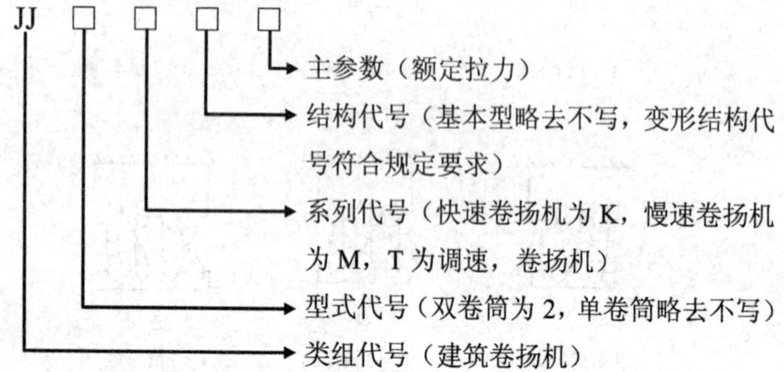


注：快速系列卷扬机的基本型结构采用圆锥摩擦离合器，并作用在卷筒上。慢速系列卷扬机的基本型结构采用圆柱齿轮减速器传动。

## 一、构造要求

### 1．基本构造和传动系统

卷扬机主要由机架、减速器、卷筒、制动器、联轴器和电动机组成。其外形和传动系统如图 6-15 所示，它以电动机为动力，通过带动轮的弹性联轴器、减速器驱动卷筒。

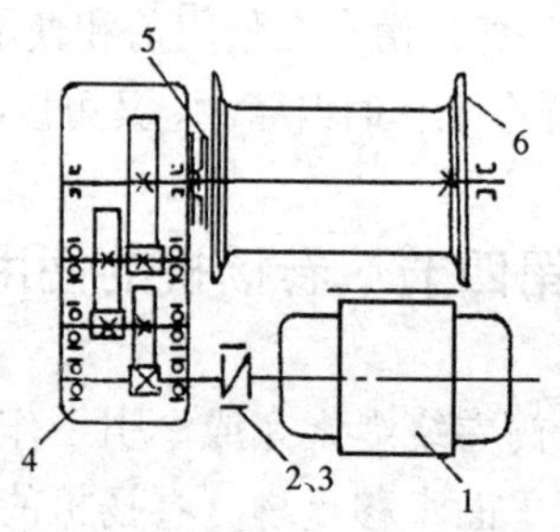


图 6-15　JJK 型卷扬机传动系统

1—电动机；2—联轴器；3—电磁制动器；4—减速器；

5—锥形摩擦离合器；6—卷筒

## 2．制动器

制动器是卷扬机不可缺少的组成部分，其作用是：将重物悬在空中保持不动，使机构以一定的减速度停下来，调节或限制机构的运动速度。

制动器按其构造可分为块式制动器、带式制动器、盘式制动器等几种。在选用制动器时，应注意制动器的作用和对它的要求，如支持制动器的制动力矩必须具有足够的储备，即应保持一定的安全系数。

## 3．限位装置

在采用卷扬机时，为准确控制料笼停止位置和避免发生“冒顶”事故，必须设置限位装置。限位装置应能在受到触动之后及时控制停机，且本身在受到料笼上升力的作用时不致变形，损坏或被超越后又重新接通电源，在不少施工单位自行设计和安装的限位装置中，多有上述问题存在，致使限位装置形同虚设，起不到限位和保安全的作用，其原因在于限位装置构造不合理及装设和调试达不到设计要求。卷筒上的限位装置如图 6-16 所示。

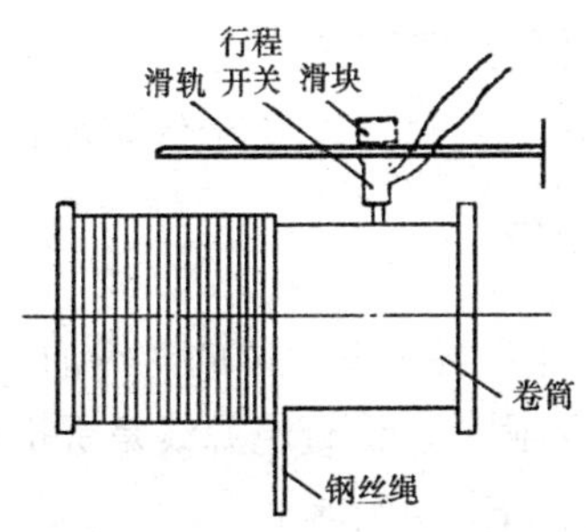


图 6-16　卷筒上的限位装置示意

## 二、卷扬机的使用

### 1．安装

（1）根据工作对象确定卷扬机的安装地点，并根据卷扬机的额定拉力埋设地锚。卷扬机应安装在平整坚实，视野良好的地点，机身和地锚必须牢固，卷扬机与导向滑轮中心线应垂直对正，卷扬机距离滑轮一般应不小于 150 mm。

（2）卷扬机安装前应进行全面检查，转动部分应灵活，离合器、制动器应灵敏可靠。

（3）安装卷扬机时要在其底下垫枕木，枕木不得伸出脚踏制动器一端的底座，以免防碍操作。

（4）钢丝绳绕入卷筒的方向，应与卷筒轴线垂直，以使钢丝绳圈排列整齐，不致斜绕和互相错叠挤压，作业中最少须保留三圈。

（5）在卷扬机正前方应设置导向滑轮，导向滑轮至卷筒轴线的距离应不小于卷筒长的 15 倍，即倾斜角不大于 2°，以免钢丝绳与导向滑轮槽缘产生过分的磨损。

（6）卷扬机至构件的安装位置的水平距离应大于构件的安装高度，以使操作者视线仰角小于 45°。

（7）卷扬机必须有良好的接地或接零装置，接地电阻不大于 10Ω，在一个供电网路上，接地或接零不得混用。

### 2．卷扬机的试运行

（1）试运行前应加足各润滑部位的润滑油，将各操作手柄置于停止位置，排除附近障碍物，检查电源线是否接通，绝缘是否良好，经确定良好后方可进行空运转试验。

（2）空运行试验时，卷筒上不得缠绕钢丝绳，空卷筒进行正、反两个方向运转各 15 圈，在空运转试验时，应检查各传动部位有无冲击，振动及噪声过大等现象，如发现不良状况，应查明原因并立即排除，在制动状态下检查制动器是否灵敏可靠，检查制动带与制动轮接触面是否均匀，其接触面积不得小于75%，在松开制动器时，制动带和制动轮的间隙应符合有关的规定数据，经查验无误后方可缠绕卷钢丝绳进行带负荷运转。带负载试运转负荷量应由卷扬机额定拉力的50%～70%逐步增加到100%，试验时应正反两方向进行，试验过程中拉升重物不应起升过高，以免发生事故。带负荷制动试验时。要注意重物在制动情况下的下滑量不得大于 50 mm，若发现重物在制动情况下的下滑量过大，则应调整制动器。

### 3．使用注意事项

（1）工作开始前应检查卷扬机锚固定是否牢固，各转动部位及齿轮的安全罩是否齐全。

（2）检查离合器，制动器是否灵敏可靠。

（3）检查电器设备绝缘是否良好，接地线是否完好，正确。

（4）卷扬机只限于水平方向牵引重物，如需要做垂直或其他方向起垂时，可利用导线滑轮改变方向，卷筒与第一滑轮之间的距离不得小于120 mm。钢丝绳与卷筒轴线的倾角不大于2°，作业时，不准有人跨越卷扬机的钢丝绳。

（5）严防钢丝绳与电线接触和钢丝绳扭搭，钢丝绳的技术条件及保养应按有关规定执行。

（6）吊运重物需在空中停留时，除使用制动器外，并应用棘轮保险卡牢。

（7）操作时，严禁擅自离开工作岗位，作业中突然停电，应立而拉开闸刀，并将运送物件放下。

（8）工作中要听从指挥人员信号，信号不明或可能引起事故时，应暂停操作，待弄清情况后方可继续作业。

### 4．卷扬机棚

为给卷扬机操作人员提供较好的作业条件，避免高空坠物、起重作业等危及卷扬机操作人员的安全和对卷扬作业的干扰，应设置可整体拆卸转移的定性卷扬机棚。卷扬机棚一般全用钢骨架和保温棚壁结构，并应设有较大视野的观察窗，如图 6-17 所示分别为整体式卷扬机棚和装拆式卷扬机棚。

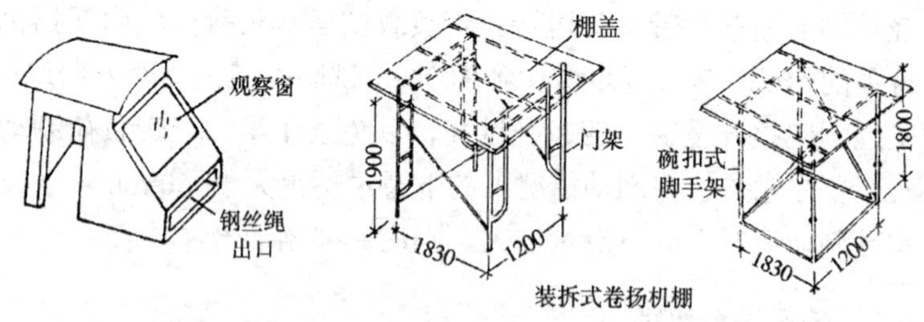


图 6-17　整体式卷扬机棚和装拆式卷扬机棚

## 第五节　吊盘的构造和安全装置

### 一、构造要求

吊盘的构造一般由底盘及竖吊杆、斜拉杆、横梁、角撑等部分组成，底盘由大梁、搁栅和铺板构成，其材料可以是角钢、槽钢、木料等，吊盘侧面设有滚轮，滚轮沿着井架内滑轮运行使吊盘在升降过程中不致发生晃动。如图 6-18 所示为几种常用的大、中、小型吊盘的构造。

### 二、安全装置

吊盘应有可靠的安全装置，防止吊盘在运行中和停车装卸时发生严重事故。

#### 1. 吊盘停车安全装置

吊盘停车安全装置是防止吊盘在装、卸料时卷扬机制动失灵产生跌落事故的一种装置，有安全支杠和安全挂钩两种形式，安全挂钩需要人工操作，使用比较麻烦，目前很少使用，普通使用的是安全支杠装置。

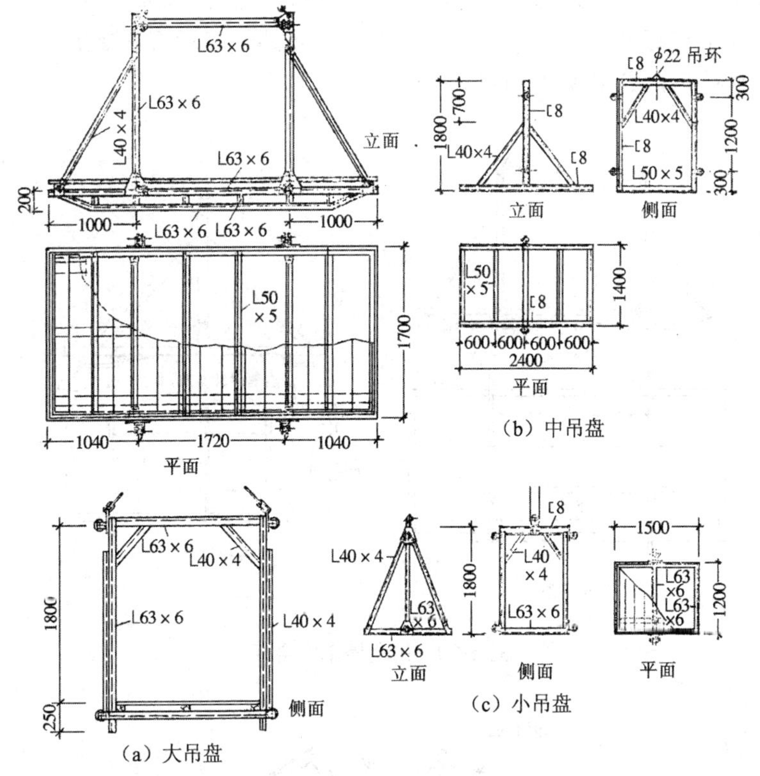


**图 6-18 吊盘**

安全支杠装置由安全杠和安全卡两部分组成，各地加工时工作原理虽同，但具体构造上有各种不同的做法，特别是安全卡的构造有多种形式，现介绍如下几种：

（1）用活动三脚架作安全卡的安全支杠装置。

这种装置的安全杠为两根钢管，设置在吊盘底部，两根安全杠之间系以拉伸弹簧，使两杠间的距离可在一定范围内变动，如图 6-19 所示，安全卡由活动铁三脚架构成，如图 6-20 所示，装在井架或龙门架的卸料平台部位。当吊盘上升时安全杠沿着滑铁 1 向上滑，当滑到 I 的位置时，把小三脚架掀起，安全杠在弹簧的作用下坐落在安全卡的两肩上，当卸完物料需要下降时，先将吊盘向上升一级，使安全杠翻过三脚架尖部Ⅱ到滑铁 2 的上边，然后再下降吊盘，安全杠就可沿着滑铁 2、1 下滑。

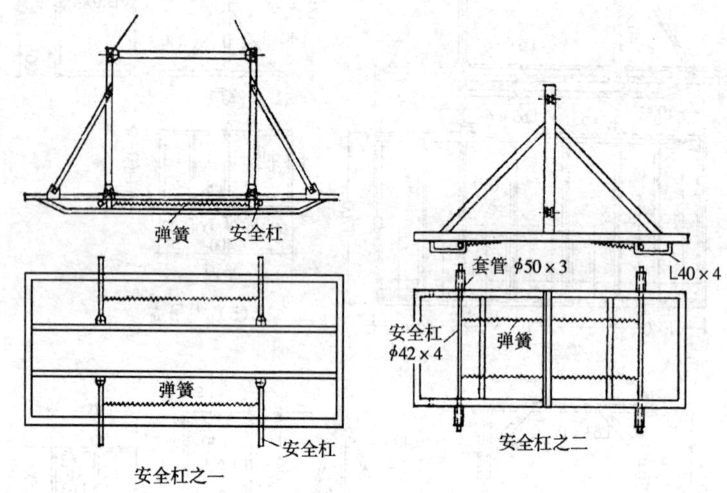


图 6-19　吊盘停车安全杠

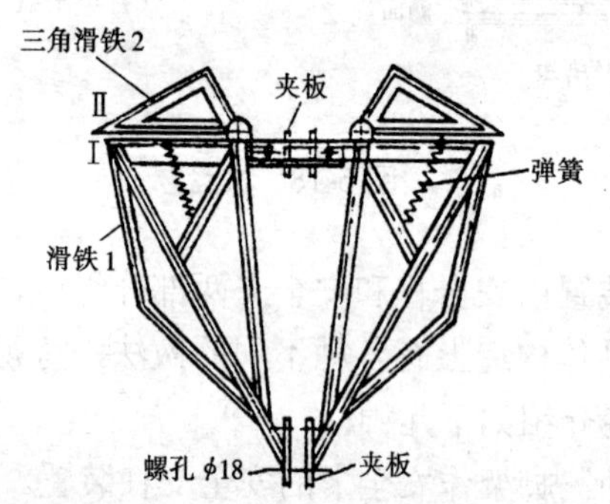


图 6-20　活动三脚架安全卡之一

为了安装和拆卸的方便，通常把安全卡做成两个半部，安装使用时用螺栓紧固在一起。但要注意的是，紧固螺栓要有足够的强度和数量，否则会因冲击剪断。同时安全卡要尽可能固定在井架或龙门架的立杆节点上，保持不松动、不摇摆。

安全卡的作用是防止卷扬机制动失灵时吊盘突然跌落，同时因吊盘坐落在安全卡上，故装、卸料时平稳、方便。

为确保安全生产，卷扬机的制动器和吊盘停车安全杠应联合使用，同时还应注意统一指挥升降和加强对职工的安全生产教育。

图6-21及图6-22所示是装在龙门架上的另外两种活动三脚架安全卡装置。

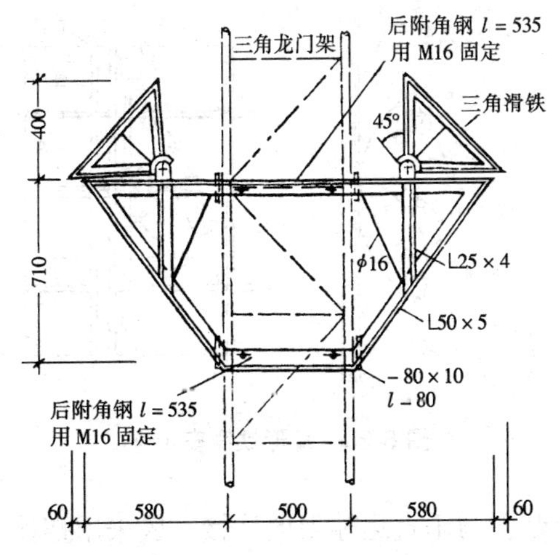


图6-21　活动三脚架安全卡之二

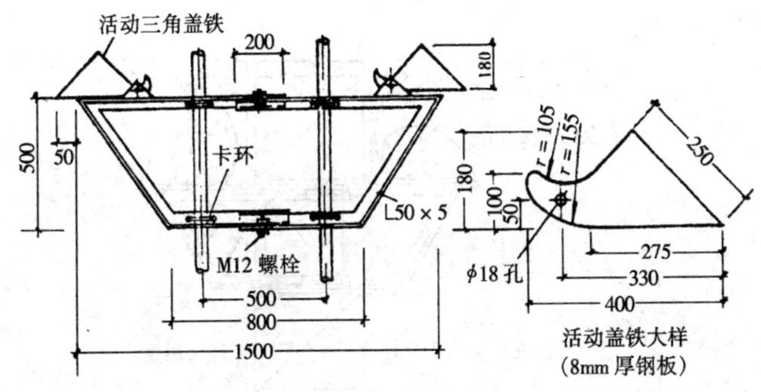


图6-22　活动三脚架安全卡之三

（2）用耳形铁肩作安全卡的安全支杠装置。

这种安全装置是用角钢做成安全杠滑道，在角钢上焊有耳形铁肩，以搁置吊盘上升到卸料平台时的安全杠，如图 6-23 所示。吊盘上升时，安全杠沿着滑道升到 1 处，接着便顶开铁盖板坐落在耳形铁肩上。物料卸完吊盘要下降时，先向上提升一段，此时铁盖板被正在上升时的安全杠带到 3 的位置，因碰到角钢滑到上的插头被弹回仍然盖住铁肩，吊盘再向下降时，安全杠就沿着铁盖板和滑道而下。

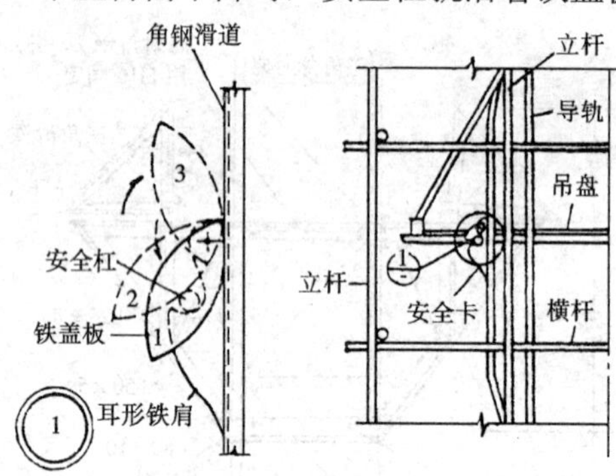


图 6-23　耳形铁肩安全卡

这种安全装置与垂直运输架的连接一般采用螺栓，也可以在角钢滑道上焊短钢管，用扣件与钢管井架或龙门架的杆件固定。

图 6-24 所示是装在钢龙门架上的金鱼状盖板安全卡，其工作原理与上述相同。

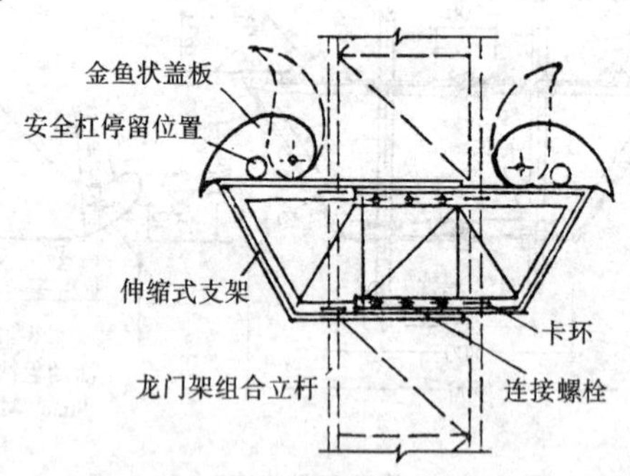


图 6-24　金鱼状盖板安全卡

## 2. 吊盘钢丝绳断后的安全装置

如图 6-25 所示，这种装置是用 550 mm 长的$\phi$42×3.5 无缝钢管 1，内装直径 32 mm，圆钢制成的可伸缩的“舌头”2，通过管内弹簧 4 的作用，可在吊盘钢丝绳断后的瞬间将“舌头”2 弹出管外，搁在井架或龙门架的横杆上，其工作原理是“舌头”2 的里端焊有一小环 3，拴着一根钢丝绳 6，并通过弹簧拉住“舌头”2，再通过导向滑轮与吊盘钢丝绳紧扎在一起，当吊盘钢丝绳受力收紧时，“舌头”缩入钢管内，当吊盘钢丝绳拉断时，“舌头”钢丝绳也立即松掉，这时弹簧便将“舌头”弹出搁在井架或龙门架横杆上，以保证不往下跌落。

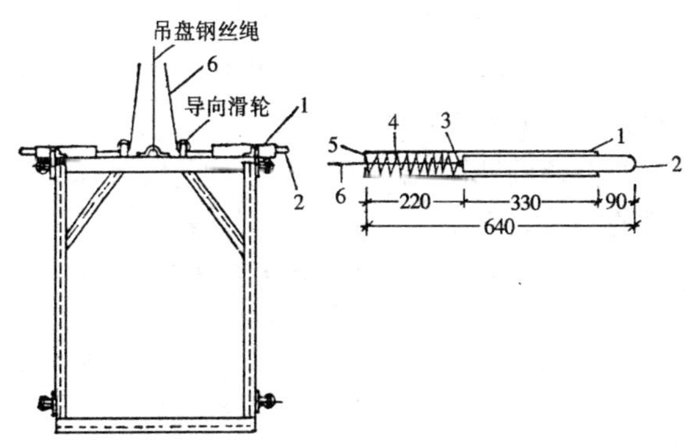


**图 6-25　吊盘断绳安全装置**

1—$\phi$42×3.5 无缝钢管；2—活舌（$\phi$32 圆钢）；3—穿钢丝绳环；4—弹簧；5—封口铁圈；6—活舌钢丝绳

## 复习思考题

1. 地锚有哪些用途？
2. 常用地锚有哪些？
3. 选择地锚位置有哪些要求？
4. 钢丝绳有哪几种分类方式？

5. 交互捻钢丝绳的报废标准为多少？
6. 钢丝绳的报废规定是多少？
7. 同向捻钢丝绳的报废标准为多少？
8. 钢丝绳的报废规定是什么？
9. 钢丝绳插编有哪几种方法？各有哪些优缺点？
10. 什么叫一进三插法？
11. 使用钢丝绳夹头时有哪些要求？
12. 滑车按结构形式可分为几种？
13. 滑车按使用方式可分为哪几种？
14. 怎样按普通法穿绳索？
15. 怎样按花穿法穿绳索？
16. 什么叫做“走几”？
17. 使用滑车和滑车组有哪些注意事项？
18. 卷扬机的安装要点是什么？
19. 如何对卷扬机进行试运行？
20. 吊盘的构造如何？
21. 吊盘的安全装置有哪几种传动系统？

# 第七章　脚手架的施工方案

在建筑工程施工组织设计中，脚手架方案是非常重要的组成部分。以适宜的方案搭设施工用脚手架，也是建筑施工技术和安全管理中的一个非常重要的环节。

## 第一节　施工对脚手架设施的要求

### 一、总体要求

各类工程施工对脚手架设施的总体要求可以概括为以下六个方面：

（1）满足施工的需要。

（2）构架稳定，承载可靠，使用安全。

（3）尽量利用自备和可租赁到的脚手架材料解决，减少自制加工工件。

（4）依工程结构情况解决脚手架设置中的穿墙、支撑和拉结要求。

（5）搭设和拆除方便。

（6）依合理的设计减少材料和人工的耗用，节省脚手架费用。

### 二、施工需要方面应当考虑的问题

施工需要涉及工人上架作业的操作条件、架上材料的运输和存置要求，工程结构和建筑构造的局部变化，与其他施工措施的配合，多层作业、交叉作业的要求以及地区、施工现场和季节条件等有关方面，应考虑的一般性问题分别列入表 7-1 和表 7-2 中。

表 7-1　脚手架在提供操作和材料运输、存置方面的要求

<table>
<tr><th rowspan="2">序次</th><th rowspan="2">构架尺寸名称</th><th colspan="2" rowspan="2">操作要求</th><th colspan="3" rowspan="2">材料输送和堆置要求</th><th colspan="2">推荐尺寸/m</th></tr>
<tr><th>适宜</th><th>可行</th></tr>
<tr><td rowspan="2">1</td><td rowspan="2">步距</td><td rowspan="2">站立操作</td><td>装修</td><td colspan="3" rowspan="2"></td><td>1.7～1.9</td><td>≥1.5<br><2.1</td></tr>
<tr><td>砌筑</td><td>≤1.6</td><td><1.8</td></tr>
<tr><td rowspan="2">2</td><td rowspan="2">架面至顶棚距离</td><td colspan="2">顶棚抹灰、刮腻子</td><td colspan="3" rowspan="2"></td><td>1.65～1.8</td><td>≥1.5<br><1.9</td></tr>
<tr><td colspan="2">吊顶</td><td>1.6～1.9</td><td><2.0</td></tr>
<tr><td>3</td><td>操作架面至预应力孔的垂直距离</td><td colspan="2">张拉锚固作业</td><td colspan="3"></td><td>0.6～0.8</td><td>≥0.5<br><1.0</td></tr>
<tr><td rowspan="2">4</td><td rowspan="2">里侧脚手板边至墙面间隙</td><td colspan="2">无接料要求</td><td colspan="3" rowspan="2"></td><td>0.08～0.10</td><td>>0.05<br>≤0.15</td></tr>
<tr><td colspan="2">有接料要求</td><td colspan="2">加铺接料板</td></tr>
<tr><td rowspan="9">5</td><td rowspan="9">作业架面铺脚手板的宽度</td><td rowspan="5">装修作业</td><td>里脚手架</td><td colspan="3" rowspan="2">架上不存置材料或用小桶盛料</td><td>0.5～0.6 与墙间隙为 0.15～0.20</td><td>0.3～0.5 与墙间隙为 0.20～0.30</td></tr>
<tr><td rowspan="4">外脚手架</td><td>0.75～0.90</td><td>≥0.6 与墙间隙为 0.10～0.15</td></tr>
<tr><td colspan="3">架上存置材料，人工用小桶供料</td><td>1.0～1.2</td><td>≥0.9</td></tr>
<tr><td rowspan="2">手推车在架上行走</td><td rowspan="2">车宽</td><td>≤0.6 m</td><td>1.3～1.5</td><td>≥1.2</td></tr>
<tr><td>0.9～1.0 m</td><td>1.6～1.8</td><td>≥1.5</td></tr>
<tr><td rowspan="4">砌筑作业</td><td>里脚手架</td><td colspan="3" rowspan="2">架上存置材料但不走小车</td><td rowspan="2">1.1～1.2</td><td rowspan="2">≥1.0</td></tr>
<tr><td rowspan="3">外脚手架</td></tr>
<tr><td rowspan="2">架上存材料、手推车行走</td><td rowspan="2">车宽</td><td>≤0.6 m</td><td>1.4～1.6</td><td>≥1.3</td></tr>
<tr><td>0.9～1.0 m</td><td>1.7～2.0</td><td>≥1.6</td></tr>
</table>

表 7-2　脚手架设置应考虑的其他事项

| 类别 | 内容 |
| --- | --- |
| 工程结构和建筑构造的局部变化 | (1) 雨罩、阳台、遮阳板、屋檐以及突出墙面 150 mm 以上的壁柱、腰线和其他装饰构造的施工对脚手架构造的要求；<br>(2) 工程施工项目改变的部位，例如有采用人工安装的较重的构件、需要设置混凝土溜槽或其他施工措施以及需要有较宽的安装作业面的部位 |
| 与其他施工措施的配合部位 | (1) 设置梯道或坡道，特别是有人工运输较重材料、构件的坡道的脚手架；<br>(2) 与垂直运输设施（井字架、龙门架等）的多层转运平台或栈桥相连接的部位；<br>(3) 需要留置开洞较大的运输通 |
| 道架上多层同时作业 | (1) 荷载的增大和局部集中时的情况；<br>(2) 无接头施工对构架的要求；<br>(3) 避免上层落物的措施 |
| 交叉作业 | (1) 脚手架杆件设置应不影响交叉作业的进行。不会因占据工作面而发生拆除脚手架杆件的情况；<br>(2) 在交叉作业情况下，脚手架应增加的安全防护措施 |
| 施工现场条件 | (1) 因场地条件限制某种脚手架使用的情况；<br>(2) 因临街，下有其他施工项目或行人、车输通道，需要采取严格的安全保护措施的情况；<br>(3) 施工垂直和水平运输设施情况 |
| 地区和季节条件 | (1) 常有 6 级以上大风的地区或多风季节下施工时，应考虑加强构架的刚度和附墙拉结措施；<br>(2) 多雨雪地区或多雨雪季节应考虑雨雪荷载的影响和雨雪后施工的安全保障措施 |

## 三、构架要求应当考虑的问题

脚手架的构架应满足结构稳定、承载可靠和使用安全，在这方面应当考虑的一般性问题列入表 7-3 中，其中需要说明三点：

表 7-3　构架要求应考虑的方面

| 类别 | 应考虑的主要方面 | 推荐数值或备注 | |
|---|---|---|---|
| | | 适宜 | 可行 |
| 承载可靠 | （1）根据搭设高度，使用荷载和脚手架材料，选择合适的立杆纵距。荷载大的部位应加密设置 | ≥1.2～1.8 | 0.9<br>≤2.0 |
| | （2）确保有足够数量的、均匀设置的连墙点 | 二步三跨或三步三跨 | 约 40 $m^2$ 一个点 |
| | （3）确保达到节点的构造和紧固要求 | 按前述有关章节的规定 | |
| | （4）达到整体稳定的构架要求，在施工过程中拆除构架杆件和连墙件 | 需要拆除个别杆件或连墙点时，应有弥补措施 | |
| | （5）有稳定的基础支承、避免发生过量沉降，特别是不均匀的沉降 | 立杆底部应加扫地杆或封口杆，设底座和垫板 | |
| 构架结构稳定 | （1）按规定设置剪刀撑：端部、中部每隔 10～15 m 设一道，并沿全高设置 | 高层脚手架应加密设置，剪刀撑的每根斜杆必须有 4 个与脚手架基本构架相连的固定点 | |
| | （2）脚手架应周边交圈设置 | 不能周边设置的“一”字形脚手架，在其两端加密设置连墙点，并设横向的剪刀撑和增设不少于 2 道的水平斜杆或剪刀撑 | |
| | （3）严格控制顶排连墙点之上脚手架的自由高度 | 2～3 m | ≯4 m |
| | （4）门式钢管脚手架必须遍设交叉支撑（两面），水平架宜隔一层设一道 | 在连墙点部位设水平加强杆 | |
| 确保使用安全 | （1）作业层必须满铺脚手板 | 脚手板要铺稳牢固，不得有超过 50 mm 的间隙 | |
| | （2）作业层周边必须设挡脚板和两道栏杆防护 | 或采用半封闭或全封闭防护 | |
| | （3）设置安全的上下脚手架的通道或梯道、坡道 | | |
| | （4）在无立网封闭情况下，应设置安全平网防护 | 包括首层网、随层网和层间网 | |

（1）缩小步距和缩小纵距都可以提高脚手架的承载力。但缩小步距时，由于横杆数量增加而使其自重荷载增加，因而有可能部分甚至全部抵消缩小步距的承载力提高值，而缩小立杆纵距（即增加立杆数量）则不会伴生这种副作用，高层脚手架也可考虑采用双立杆。

（2）对搭设高度超过 50 m 的脚手架应采取卸荷措施。

（3）对脚手架的使用荷载（取决于同时作业的层数，上架作业的人数和架面上堆放材料的数量）必须严格控制，不得超过其设计允许值。

### 四、选择施工方案的原则

（1）应有足够的操作面积，以满足操作、材料堆放、运输及人行通道的需要。

（2）应坚固、稳定，保证满足施工需要。

（3）搭拆简便，搬运方便，并能周转使用。

（4）其所需材料，因地制宜，就地取材，尽量节约用料。

## 第二节　各种脚手架的性能和适应性

木、竹脚手架在我国有悠久的使用历史，目前在我国南方地区，中心城镇和乡村仍在广泛使用，且占的比重较大，木脚手架杆件截面大，刚性好；竹脚手架杆件强度高，重量轻，基本上都可就地取材，价格较为便宜，且有传统的使用习惯和经验，这是它们还不能为钢管脚手架所取代，而继续大量使用的原因，但它们一般多用于构造外脚手架，作里脚手架则受其杆件规格的限制，由于杆件材质和规格的变异性较大，因而构架不规范的情况普遍存在。各种木质的或钢质的定型脚手架，如工具式里脚手架、挑架、挂架或吊篮等的使用要求和构造情况各异，难以在它们之间做细致的比较。

碗扣式、扣件式和门式钢管脚手架的优缺点及其适应性列于表 7-4，并说明如下：

表 7-4　三种钢管脚手架的优缺点和适应性

| 项目 | 扣件式钢管脚手架 | 碗扣式钢管脚手架 | 门式钢管脚手架 |
| --- | --- | --- | --- |
| 优点 | （1）杆配件数量少（仅六种：短横杆、长杆、3 种扣件和底座）；<br>（2）长杆的长度任意，接长的接头容易错开；<br>（3）扣件可在杆件的任意位置设置，构架尺寸可任意选定和调整；<br>（4）采用较长杆件，接长接头的数量较少；<br>（5）斜杆和剪刀撑的角度可任意调整；<br>（6）可使用任何种类的脚手板或架面铺板，可对接平铺，亦可搭接铺设；<br>（7）可根据防（围）护要求任意设置件件；<br>（8）价格较低 | （1）杆件轴心连接、节点构造无偏心；<br>（2）碗扣焊于立杆上，插片焊于横杆上，不会丢失。易损耗件仅为 U 形销一种；<br>（3）定形杆件规格可满足一般构架需要；<br>（4）可构造承载力很大的多种截面支撑柱；<br>（5）可构造平面为曲线形的脚手架；<br>（6）整架承载力提高，约比同等情况的扣件式钢管脚手架提高 15%以上；<br>（7）同左栏（6）；<br>（8）具有横托撑等配件，可构造横向受力的支撑架；<br>（9）功能多；<br>（10）安装速度快，安装一个十字交叉带点的杆件只需不到 10 秒钟 | （1）门架所在平面的刚度大；<br>（2）由两榀门架组成的构架单元是合理的静定结构；<br>（3）构配件齐全、组装方便；<br>（4）功能配件多；<br>（5）用材较省，约比扣件式钢管脚手架节省 10%；<br>（6）可方便地构造各种台架和模板支撑架；<br>（7）杆件轴心受力；<br>（8）有定型的梯段供人上下 |
| 缺点 | （1）扣件（特别是它的螺杆）容易丢失；<br>（2）节点处的杆件为偏心连接，靠抗滑力传递荷载和内力，因而降低了其承载能力；<br>（3）扣件节点的连接质量受扣件本身质量和工人操作的影响显著 | （1）横杆为几种尺寸的定型杆，立杆上碗扣节点按 0.6 m 间距设置，使构架尺寸受到限制；<br>（2）U 形连接销易丢；<br>（3）价格较贵 | （1）构架尺寸无任何灵活性，构架尺寸的任何改变都要换用另一种型号的门架及其配件；<br>（2）交叉支撑易在中铰点处折断；<br>（3）定型脚手板较重；<br>（4）价格较贵透 |
| 适应性 | （1）构筑各种形式的脚手架、模板和其他支撑架；<br>（2）组装井字架；<br>（3）搭设坡道、工棚，看台及其他临时构筑物；<br>（4）作其他两种脚手架的辅助、加强杆件 | （1）、（2）、（3）与左栏相同；<br>（4）构造强力组合支撑柱；<br>（5）构筑承受横向力作用的支撑架 | （1）构造定型脚手架；<br>（2）作梁、板构架的支撑架（承受竖向荷载）；<br>（3）构造活动工作台 |

（1）这三种脚手架都是多功能脚手架，但扣件式钢管脚手架是依其构架的灵活适应性来实现其多功能的，尽管其功能少一些，其他两种脚手架的功能较多，但需依靠增加功能配件来解决。

（2）三种脚手架的受力特点有显著的不同，尽管在许多功能上是相同的，但其承载能力和构架特点上有显著的差异。

（3）采用定性杆配件的脚手架系列，其各种杆配件的配备比例不易掌握，在使用中就会出现因某种配件缺少而不能达到构架的设计要求的情况。

（4）对于大型施工企业，适于同时装配几种脚手架，可以充分发挥其功能互为补充的特点。

## 第三节　脚手架施工方案的内容

（1）脚手架的设置应根据应用工程的结构构造情况和施工要求以及所用脚手架材料的构架能力，选择使用、合理的构架形式，尺寸和安全防护措施。其基本构架结构、附墙连接、加强构造和卸载措施等必须确保结构稳定，受力明确，承载可靠和使用安全。

（2）脚手架作业层的架面宽度根据施工需要确定，铺板的里边缘距墙不得大于 150 mm，一般情况下，结构工程脚手架和外装修脚手架的架面宽度应不小于 0.9 m，里装修脚手架不得小于 0.6 m，当立杆不能靠墙设置时，可采用悬挑措施扩宽架面。

脚手架的步距，单双排脚手架的立杆纵距和满堂脚手架的立杆间距应根据脚手架的搭设高度，施工要求，承载和构架的需要确定，且均不大于 2.0 m，对洞口、通道口、荷载加大部位、拉结和卸荷措施设置处等部位均应增设加强构造。

使用定型杆配件构造脚手架时，应考虑为定型尺寸不能完全满足施工需要时的解决办法。

（3）架高超过 6 m 时，脚手架与工程结构之间必须设置拉结措施——连墙点。连墙点应按竖向架面均匀分布，其设置数量和竖向间距应符合表 7-5 的要求。

表 7-5　连墙点的设置要求

<table>
<tr><th>脚手架种类</th><th>架高/m</th><th>每点覆盖面积/（$m^2$/点）</th><th>连墙点竖向间距/m</th></tr>
<tr><td rowspan="2">门式钢管脚手架</td><td>≤20</td><td>≤40</td><td>≤8</td></tr>
<tr><td>＞20</td><td rowspan="2">≤30</td><td rowspan="2">≤6</td></tr>
<tr><td rowspan="2">木、竹脚手架<br>扣件式钢管脚手架<br>碗扣式钢管脚手架</td><td>≤20</td></tr>
<tr><td>＞20</td><td>约 20</td><td>约 4</td></tr>
</table>

（4）施工作业用脚手架应按表 7-6 的要求设置安全防护，以确保使用安全。

表 7-6　脚手架安全防（围）护的设置要求

<table>
<tr><th>序号</th><th>防护项目</th><th>应用条件</th><th colspan="3">设置要求</th></tr>
<tr><td>1</td><td>作业层外侧边缘防护</td><td>作业层离地（楼）面高度＞2.5 m</td><td colspan="3">必须设置高度不小于 200 mm 的挡脚板和两道护身栏杆。上栏杆高 1.2 m，上下栏杆之间和下栏杆与挡脚板之间的净距≤500 mm（注：当立面满挂安全网或采用封闭围护时，可不设置挡脚板，栏杆则根据挂网或封闭要求设置）</td></tr>
<tr><td>2</td><td>脚手架全高防护</td><td>架高＞9 m</td><td colspan="3">可采取下述防护方式之一：<br>（1）全架外侧满设立网围护；<br>（2）按“3”栏要求设置首层网和层间网</td></tr>
<tr><td rowspan="4">3</td><td rowspan="4">安全平网防护</td><td colspan="4">设置挑出式首层网和层间网。首层网应距地面 4 m，层间网每隔 3～4 步架设一道，其距脚手架边缘作业点的挑出宽度应不小于以下规定：</td></tr>
<tr><td>网别</td><td colspan="2">应用条件</td><td>挑出宽度/m</td></tr>
<tr><td>首层网</td><td colspan="2">架高＜20 m<br>架高＝20～30 m<br>架高＞30 m</td><td>3<br>4<br>5</td></tr>
<tr><td>层间网</td><td colspan="2">负载高度≤5 m<br>负载高度<br>＞5 m，＜10 m</td><td>2.5<br>3</td></tr>
</table>

| 序号 | 防护项目 | 应用条件 | 设置要求 |
|---|---|---|---|
| 4 | 全封闭和半封闭防护 | 架高＞30 m；临街以及其他有封闭防护要求的情况下 | 可分别采用：<br>（1）外立面全封闭；<br>（2）外立面半封闭（高度不小于 1.2 m）；<br>（3）底部搭设防护棚，脚手架外立面采用全高防护措施（见“2”、“3”） |
| 5 | 挑、挂架防护 | 设置高度＞9 m的挑脚手架和挂脚手架 | 外立面采用立网或其他挡护材料进行全封闭，在架下每隔 4～6 m 设置两道层间网 |
| 6 | 吊架防护 | 吊篮，其他悬吊脚手架 | （1）吊篮全封闭和安全绳防坠落；<br>（2）其他吊架下满设安全平网 |

（5）各种落地式脚手架的搭设高度一般应不超过表 7-7 的规定，当施工需要搭设超过很高的脚手架时，应采用分段卸载措施，或采用吊、挂、挑等形式脚手架。

**表 7-7　脚手架搭设高度的一般限制**

| 序号 | 脚手架种类 | 搭设高度的一般限制/m | |
|---|---|---|---|
| | | 单排脚手架 | 双排脚手架 |
| 1 | 木脚手架 | 20 | 30 |
| 2 | 竹脚手架 | 30 | 30 |
| 3 | 扣件式钢管脚手架 | 25 | 50 |
| 4 | 碗扣式钢管脚手架 | 30 | 60 |
| 5 | 门式钢管脚手架 | 当架面施工荷载标准值≤3 kN/m$^2$ 时为 60 m；当架面施工荷载标准值＞3 kN/m$^2$ 而≤5 kN/m$^2$ 时为 45 m | |

（6）一般情况下，禁止不同材料和连接方式的脚手架的杆配件混用，但由于所用脚手架材料的构架能力不能完全满足施工需要，而需要采用其他杆配件或材料予以加强时，应符合以下要求：

1）混用的加强杆件，当其规格或连接方式与原构架不同时，均不得取代原脚手架构架结构的基本杆配件。

2）混用的加强立杆，必须从地（楼）面或其他承受结构起向上连续搭设，加强立杆或由混用立杆和水平杆构造的加强框架必须与原脚手架进行可靠连接，并确保其连接点能满足传递荷载或内力的要求。

（7）有以下情况之一者，必须对脚手架进行设计，验算或实物荷载检验，以确保其达到安全使用的要求：

1）架高超过 20 m，且相应的脚手架安全技术规范没有给出不必进行计算的构架尺寸规定。

2）实际使用的施工荷载或作业层数超过两层或相应规范的规定。

3）构架尺寸，荷载和受力状态有显著改变的部位。

4）作模板支撑和其他承重用途的脚手架。

5）尚未制定规范的新型脚手架、特种和特殊造型脚手架以及其他无可靠安全依据搭设的脚手架。

（8）单排脚手架不得用于以下砌筑工程中：

1）墙厚小于 180 mm 的砌体。

2）土坯墙、空斗砖墙、轻质砖墙以及靠脚手架一侧实体厚度小于 180 mm 的空心墙，有轻质保温层的复合墙体。

3）砌筑砂浆强度等级小于 M1.0 的墙体。

（9）对于单排脚手架或其他需要留穿墙洞眼的情况，在构架时应考虑结构对留脚手眼的限制，可通过调整构架尺寸避开不能留眼的部位或采取其他构架措施解决。

（10）外脚手架应周边交圈设置并确保脚手架在墙转角处的连接，不能交圈设置的“一字形”脚手架段，在其两端应加强整体性，抗侧力和与墙体拉结杆件，或采取其他措施加强。

（11）门式钢管脚手架的两个侧面必须满设交叉支撑和一定数量的长杆剪刀撑；碗扣式钢管脚手架应按架高规定设置斜杆和一定数量的剪刀撑；木、竹脚手架和扣件式钢管脚手架应设置剪刀撑，剪刀撑的水平投影宽度应不小于 4 跨或 6 m，斜杆的倾角宜在 45°～60°，杆件长度不够时，可采用对接或搭接接长，并与脚手架的立杆和纵向水平杆可靠连接，连接点间距应不大于 2.5 m，斜杆和剪刀撑的设置数量应符合表 7-8 的要求。

**表 7-8 斜杆和剪刀撑的设置要求**

| 项目 | 脚手架种类 | 架高/m | 设置要求 |
| --- | --- | --- | --- |
| 斜杆 | 碗扣式钢管脚手架 | 架高＜30 m | 不少于框格总数的 1/4； |
| | | 架高＝30～50 m | 不少于框格总数的 1/3； |
| | | 架高＞50 m | 不少于框格总数的 1/2 |
| | 其他脚手架 | | 视需要设置 |
| 剪力撑 | 木、竹脚手架，扣件式钢管脚手架 | ≤24 m | 两端各设一道，其间按净距不大于 15 m 间距设置，并自底至顶连续设置 |
| | | ＞24 m | 在全宽和全宽上连续设置 |
| | 门式钢管脚手架，碗扣式钢管脚手架 | ＞30 m | 两端各设一道，按净距不大于 15 m 间距设置，并自底至顶连续设置 |

（12）在确保脚手架的设置方案时，应充分考虑工程和建筑构造中的外形变化，凸挑构造洞口以及其他对脚手架设置有影响和有要求的因素，选择适宜的留洞，拉结、挑挂和支顶部位，同时考虑结构的承受能力，对持力较大的部位应进行结构验算，对高层和重载脚手架，应根据施工条件和合理性的要求，选取采用缩小立杆间距，下部使用双立杆或分段卸载措施。

（13）脚手架构架尺寸偏差的一般要求列于表 7-9，对特殊形式的脚手架应另行提出构架质量要求和允许偏差，对挑、挂、吊以及在装拆方面有严格要求的脚手架及其支持构造，应制定细致的搭设和拆除程序及施工操作规定。

表 7-9　脚手架构架质量的一般要求

<table>
<tr><th>序号</th><th>项目</th><th colspan="4">一般质量要求</th></tr>
<tr><td>1</td><td>构架尺寸（立杆纵距、立杆横距、步距）误差</td><td colspan="4">100 mm</td></tr>
<tr><td rowspan="2">2</td><td rowspan="2">立杆的垂直偏差</td><td rowspan="2">架高</td><td>≤25 m</td><td colspan="2">≤1/200，且不大于 50 mm</td></tr>
<tr><td>＞25 m</td><td colspan="2">≤1/400，且不大于 100 mm</td></tr>
<tr><td>3</td><td>纵向水平杆的水平偏差</td><td colspan="4">＜1/300，且不大于 20 mm</td></tr>
<tr><td>4</td><td>横向水平杆的水平偏差</td><td colspan="4">≤10 mm</td></tr>
<tr><td>5</td><td>节点处相交杆件的轴线距节点中心的距离</td><td colspan="4">≤150 mm</td></tr>
<tr><td>6</td><td>相邻立杆接头位置</td><td colspan="4">相互错开，设在不同的步距内，相邻接头的高度差应＞500 mm</td></tr>
<tr><td>7</td><td>上下相邻纵向水平杆接头位置</td><td colspan="4">相互错开，设在不同的立杆纵距内，相邻接头的水平距离应＞500 mm，接头距立杆应小于立杆纵距的 1/3</td></tr>
<tr><td rowspan="7">8</td><td rowspan="7">杆件搭接</td><td colspan="4">（1）搭接部位应跨过与其相接的纵向水平杆或立杆，并与其连接（绑扎）固定；<br>（2）搭接长度和连接要求应符合以下要求：</td></tr>
<tr><td>类别</td><td>杆别</td><td>搭接长度/m</td><td>连接要求</td></tr>
<tr><td>木脚手架</td><td>立杆</td><td>＞1.5</td><td>绑扎不少于 3 道，绑扎点间距≤0.75 m</td></tr>
<tr><td rowspan="2">竹脚手架</td><td>纵向水平杆</td><td>＞1.0</td><td>大头伸出立杆 200～300 mm，小头压在大头上，绑扎不少于 2 道，间距≤500 mm</td></tr>
<tr><td>立杆</td><td>＞1.0倍或＞12 倍搭接杆段的平均直径</td><td>绑扎不少于 2 道，间距≤600 mm</td></tr>
<tr><td rowspan="2">扣件式钢管脚手架</td><td>立杆</td><td>＞1.0</td><td>连接扣件数量依承载要求确定，且不少于 2 个</td></tr>
<tr><td>纵向水平杆</td><td></td><td>不少于 2 个连接扣件</td></tr>
</table>

| 序号 | 项目 | | 一般质量要求 |
| --- | --- | --- | --- |
| 9 | 节点连接 | 扣件式钢管脚手架 | 拧紧扣件螺栓，其拧紧力矩应不小于 40N·m，且不大于 65N·m |
| | | 其他脚手架 | 按相应的连接要求 |
| 10 | 脚手板的铺设 | 对接平铺 | 铺平，铺稳，对接处与其下两侧支承横杆的距离应控制在 100～150 mm |
| | | 搭接铺 | 搭接长度≥200 mm，在搭接长度的中间设有支承横杆 |
| | | 支承横杆间距 | 竹脚手架≤0.75 m；<br>木脚手架≤1.0 m；<br>扣件式钢管脚手架≤1.5 m |
| | | 绑扎固定部位 | （1）脚手架的两端和拐角处；<br>（2）沿板长方向每隔 15～20 m；<br>（3）坡道和平台的两端；<br>（4）其他可能发生滑动或翘起的部位 |
| | | 探头板 | 严禁铺设端部超出支承横杆 150 mm 的探头板 |

## 复习思考题

1. 施工对脚手架设施有何要求？
2. 选择脚手架施工方案的原则是什么？
3. 试述碗扣式、扣件式和框组式脚手架的优缺点？
4. 脚手架施工方案的内容有哪些？

# 第八章　脚手架的质量验收及安全操作

## 第一节　脚手架搭设的检查及验收

### 一、检查阶段

在下列阶段对脚手架进行检查：

（1）每搭设 10 m 高度。

（2）达到设计高度。

（3）遇有 6 级及以上大风和大雪、大雨之后。

（4）停工超过一个月恢复使用前。

### 二、检验主要内容

（1）基础是否有不均匀沉降。

（2）立杆垫座与基础面是否接触良好，有无松动或脱离情况。

（3）检验全部接头是否牢固。

（4）连墙撑、斜杆及安全网等构件的设置是否达到设计要求。

（5）荷载是否超过规定。

### 三、质量标准

（1）检查杆件直径壁厚、长度是否符合要求，杆身及杆件焊接处是否符合规定。

（2）扣件连接螺栓拧紧力矩的检查。

（3）允许偏差（垂直水平度偏差是否在许可范围内）。

（4）构架尺寸，包括杆件接头位置和接点处杆件的相对距离。

（5）扣件的上紧程度和杆配件是否合格。

（6）立杆的垂直度及其底部支垫情况纵向和横向水平杆的水平度及同层水平杆之间的高度误差。

（7）连墙件的设置位置和构造情况。

（8）铺板层数和脚手板的铺设情况，有无少铺、间隙过大、不平不稳、探头以及未进行必要的固定等。

（9）安全防护设置情况。

（10）通道，进出料口，转达平台及其他有局部加强要求部位的构架情况。

（11）安全警示标志的设置。

验收检查还应当包括地基情况，回填土的夯实程度，坑洼坡地的处理以及需要另行设置的脚手架基础等，但这些情况的检查应在搭设工作开始之前进行，以免在搭成之后发现问题时，造成返工。

### 四、上岗检查

使用过程检查，重点检查在使用过程中有无不得拆除的杆部件、连墙点被拆除而没有采取弥补措施，有无对局部构件尺寸的改动以及临时搭设的不安全的架子等。

## 第二节　脚手架的安全技术要求

### 一、安全技术操作规程的一般规定

#### 1．施工现场

（1）参加施工的人员要熟知本工种的安全技术操作规程。

（2）正确使用个人防护用品和安全防护措施。进入施工现场，必须戴安全帽，禁止穿拖鞋、高跟鞋和光脚。在没有防护设施的高空、悬崖和陡坡施工，必须系好安全带。上下交叉作业、有危险的出入口，要有防护棚或其他隔离设施。距地面 2 m 以上的作业要有防护栏杆、挡脚板或安全网。安全帽、安全带和安全网要定期检查，不符合要求的严禁使用。

（3）施工现场的脚手架、防护设施、安全标志和警告牌不得擅自拆动。需要拆动的要经工地负责人同意。

（4）施工现场的洞、坑、沟、升降口、漏斗等危险处，应有防护设施或明显标志。

（5）施工现场要有交通指示标志。交通频繁的交叉路口应设指挥；火车道口两侧应设落杆，危险区域要悬挂警告牌，夜间设红色警示灯。

（6）工地行驶斗车、小推车的轨道坡度不得大于 3°。铁轨终点应有车挡，车辆的制动系统和挂钩要完好可靠。

（7）坑槽施工时应经常检查边坡土质的稳定情况，发现有裂缝、疏松或支撑活动，要及时采取加固措施。根据土质、沟深、水位、机械设备重量等情况，确定堆放材料和施工机械距坑边的距离。向坑槽运料时应事先用信号联系。

（8）在架空输电线路下面作业时应停电。不能停电时，应有隔离措施。起重机不得在架空输电线路下面作业，在通过架空输电线路时应将吊臂落下。在架空输电线路的一侧作业时，不论在何种情况下，吊臂、钢丝绳和重物等与架空输电线路的距离不得小于表 8-1 的规定。

**表 8-1　设备与输电线路的最小距离**

| 线路电压/kV | 1 以下 | 1～20 | 35～110 | 154 | 220 |
|---|---|---|---|---|---|
| 允许的最小距离/m | 1.5 | 2 | 4 | 5 | 6 |

## 2．高处作业

（1）从事高处作业的人员要定期检查身体，经医生诊断，凡患有高血压、心脏病、贫血病、癫痫病以及其他不适合高处作业的人员，一律不得从事高处作业。严禁酒后作业。

（2）高处作业人员衣着要灵便，禁止穿硬底和带钉易滑的鞋。

（3）高处作业所使用的材料要堆放平稳，工具应随手放入工具袋内，上、下传递物件时禁止抛掷。

（4）遇有恶劣天气影响施工安全时，禁止进行露天高处、起重和打桩等作业。

（5）梯子不得缺档，不得垫高使用，其横档间距以 300 mm 为宜。使用时上端要扎牢，下端应采取防滑措施。单面梯与地面间的夹角以 60°～70°为宜，禁止两人同时在梯上作业。梯子如需接长时，应绑扎牢固。人字梯底角要拉牢。在通道处使用梯子，应有监护或设置围栏。

（6）没有安全防护设施，禁止在外墙或外壁板、屋架的上弦、支撑、檩条、挑架的挑梁或未固定的构件上行走或作业。高处作业与地面联系，应设有通信装置，并有专人负责。

（7）乘人的外用电梯、吊笼，应有可靠的安全装置。除指派的专业人员外，其他人员禁止攀登起重臂、绳索和随同运料的吊篮、吊装物上下。

### 3. 季节施工

（1）特殊天气前后，要检查临时设施、脚手架、设备和线路。如发现有问题，应及时加固、维修。

（2）特殊复杂的脚手架及易燃、易爆的物品和设备，应设避雷装置。机电设备的电气开关，要进行防雨、防潮处理。

（3）现场道路应加强维护，斜道和脚手板应有防滑措施。

（4）作息时间应适合季节变化。高温作业应有通风和降温措施，冬季施工取暖应防火防中毒。

## 二、脚手架的安全技术操作及防护措施

### 1．严格执行操作规程

（1）外脚手架的搭设与拆除作业很容易发生各类人身伤亡事故。但只要所有操作人员能够做到在作业中思想集中，认真对待，严格遵守安全操作规程，采取必要的有效技术措施，就完全能够确保作业的安全。

（2）脚手架的材料规格、支搭标准要严格执行有关规定，保证脚手架结构牢固稳定。

（3）搭拆脚手架时，必须戴安全帽、系安全带、穿软底鞋，袖口及裤口要扎紧。工具及小零件要放在工具袋内。凡患有不符合高处作业疾病的人员不能上脚手架上操作。严禁违章作业。

（4）脚手架要配合工程进度进行搭设，不宜一次搭得过高。在搭设过程中，所有操作人员要思想集中，听从统一指挥、互相协作、上下呼应、禁止在脚手架上说笑打闹。材料、工具不得乱扔、乱抛，在吊运的下方不得站人。

### 2．脚手架的安全防护

（1）在施工期间，使用 2 m 以上的外架子时，要设挡脚板和两道护身栏或立挂安全网。使用插口架子、桥式架子、外挑架子、金属挂架、滑升架子的安全网高度要经常保持在作业面的 1 m 以下。脚手架的排木要绑扎牢固，脚手板要铺平、铺严。脚手架与建筑物的间隙不得大于 150 mm。升降桥式架子的平台时，两端要挂保险绳，操作人员要挂安全带，桥架下不得站人。

（2）里脚手架、活动平台架、大模板平台和楼梯间的顶层架子，要铺严脚手板。满堂架子的高度在 6 m 以下时，脚手板可花铺，但间隙不得大于 200 mm，板头要绑牢；高度在 6 m 以上时，必须铺严脚手板。吊装梁柱的脚手板宽度不得小于 600 mm，两侧必须绑扎两道护栏，满铺脚手板。

（3）建筑物顶部施工的防护架子要高于坡屋面挑檐板 1.5 m，高于平屋面女儿墙顶 1 m。高出部分要绑两道护栏并立挂安全网，靠近临街和靠近民房的人行通道处要支搭防护棚或其他防护措施。

（4）井字架、龙门架、外用电梯、自立式高车架等起重架的吊笼两侧要有严密的铁网罩，进料口要有活动的开关门，天轮应至少高于建筑物 6 m，并在滑道上距顶 4 m 处加设卷扬限位器。各层卸料平台应有栏杆，其两侧应有高 1.2 m 的防护栏板或至少绑扎两道防护栏，一道挡脚板。首层进料口要支搭防护。高车架天轮加油处应设爬梯、平台，并铺脚手板绑牢，加绑护栏。

（5）外装修用的吊篮、挂架、活动小车和挑架子等要在靠墙内侧绑护栏和挡脚板，其他三面立挂安全网，铺严固定脚手板。凡是悬挑的活动架子和其他能升降的架子必须有保险绳、保险卡具或其他防止脱钩坠落的安全装置。必须指定专人升降脚手架，严禁擅自拆改脚手架的防护设施。

（6）在施工中，架子里如遇到大窗口和较宽伸缩缝或其他洞口时，要在危险部位绑扎两道护栏和一道挡脚板。

### 3. 脚手架的管理要求

（1）各种脚手架在投入使用前，必须由施工负责人组织支搭和使用脚手架的负责人员及安全员共同检查，履行交验手续。

（2）使用新型的或自制工具式的或金属脚手架时，必须有出厂合格证及组装使用说明，经上一级技术部门鉴定、审批同意后，方可使用。

（3）特殊脚手架在支搭、拆装前，要由技术部门编制安全施工方案并报上一级技术领导审批后，由施工负责人向生产班组贯彻，按批准方案执行，如欲改动方案必须经原审批领导批准。

（4）各种脚手架在使用过程中要经常检查，特别是在大风雨或冰雪解冻后，或停工一段时间又重新使用时，必须经过全面检查、鉴定、修理，无误后方可使用。

（5）组合脚手架使用前要试压。试压时在每个桁架上堆放 800

块砖，4 h 后检查脚手架各部分有无变化，如果没有变化，卸砖至正常使用要求，即可交付使用。

（6）外架子的承载能力，通常情况下，均布荷载不得超过 2 700Pa，集中荷载不得超过 1 500Pa。如发现超载使用必须及时制止。

## 三、防止高处坠落和物体打击事故

### 1. 正确使用安全带和防止高处坠落

（1）离地 2 m 以上的作业就称为高处作业。

（2）为防止高处坠落，操作人员必须正确地使用安全带。安全带应高挂低用。

（3）在高处安装构件时，经常使用撬棍校正构件位置。具体操作时要防止撬棍滑脱而发生坠落，因此，操作人员必须要站稳，如果附近有脚手架或其他构件时，用一手扶住，一手操作，另外撬棍的插入深度要适宜，不可急于求成。

（4）操作人员在脚手板上行走时要思想集中，防止踏上挑头板或空头板而发生坠落事故。另外在吊装有预留孔洞的楼板或面板时，应及时用木板将预留孔洞覆盖好，以防止踏入孔洞而发生坠落。

### 2. 防止物体打击伤人事故

（1）地面操作人员必须戴好安全帽，以防止高处物体下落伤人。

（2）高处作业人员所使用的工具、垫铁、焊条、螺栓等，应放入随身的工具袋中，不得随意向下丢掷。

（3）在高处使用气割或电割，应采取措施防止切割下来的金属或火花落下伤人。

（4）地面人员应尽量避免在高处作业面正下方停留或通过，也不得在吊臂和正在吊装的构件下停留或通过。

（5）构件安装后必须检查连接质量，在确保连接确实可靠后，方可脱钩或拆除临时固定设施。

（6）禁止与吊装无关的人员进入吊装现场。

## 第三节　脚手架事故的预防及处理

### 一、脚手架事故的预防

（1）加强安全教育，提高安全工作水平。

"安全为了生产，生产必须安全"。根据脚手架工程的特点，对施工管理人员进行安全教育，提高安全工作水平是预防发生事故、确保作业安全的基础。

安全教育的类别和内容：进厂教育、针对工作对象的安全教育、自我保护教育、事故教育、安全管理工作教育。

（2）加强安全防护设施，避免或减少事故的发生。

加强安全防护设施是避免或减少事故发生及其后果的主要措施之一，但是仍有一些单位未能认真做好这方面的工作，究其原因大致有以下几种：

1）认识不足，重视不够。

2）抱有侥幸心理，尤其是对于一般低矮的和短时使用的脚手架，以为不会发生问题。

3）嫌麻烦，图方便。

4）不愿意在加强安全防护设施上花钱。

5）工作安排只停留到口头要求上，没有认真地去抓落实，因此，只有认真地解决好这些问题，才能把这项工作做好。

### 二、事故发生的紧急处置工作

事故发生后，应做好以下几个方面的紧急处置工作：

（1）立即救护或保护事故现场，保持事故发生时的真实状态，避免破坏与事故有关的物体、痕迹和状态，为抢救受伤者需要移动现场某些物体时，必须做好现场标志，可能时应拍照留下实际情况。

（2）采取措施制止事故蔓延扩大：

1）统一指挥，组织好抢救伤害人员工作，并注意做好抢救人员的安全保护，避免造成新的伤害。

2）停止出事班组及其他在事故区内或会破坏现场现状、影响事故调查的一切作业，撤出有关人员，并对施工安排作紧急调整。

3）当出事的脚手架及其连带结构仍有继续破坏的危险时，出于安全和避免损失扩大的需要，在取得上级或主管部门同意并全面拍照后，可以进行必要的支撑和加固处理。

（3）立即向上级以及劳动、检察、治安、工会等主管部门报告。

（4）通知受伤害人员家属，并做好安抚工作。

**复习思考题**

1. 脚手架搭设检查及验收要点有哪些？
2. 对脚手架进行质量验收的标准有哪些？
3. 脚手架的管理要求有哪些？
4. 对进入现场的施工人员有哪些安全要求？
5. 对现场脚手架、防护设施、安全标志等有哪些要求？
6. 在槽坑中施工时应注意哪些问题？
7. 在架空输电线路下或旁边作业时有哪些要求？
8. 对从事高处作业人员的身体有哪些要求？
9. 在哪些部位上没有安全设施禁止作业？
10. 季节施工有哪些要求和注意事项？
11. 外脚手架有哪些安全防护措施？
12. 外装修用的吊篮、挂架、活动小车有哪些安全防护要求？
13. 怎样正确使用安全带？
14. 在脚手架上行走应注意什么？
15. 地面上的操作人员怎样注意安全？
16. 如何预防脚手架安全事故？
17. 事故发生后，如何进行紧急处理？

# 附录　技能鉴定习题集

## 第一章　建筑识图与房屋构造

### 选择题

1．常用建筑构件圈梁的代号是（ ）。

A. L　　B. QC　　C. GL　　D. DL

2．常用建筑构件梁的代号是（ ）。

A. WL　　B. DL　　C. L　　D. GJ

3．建筑施工图中（ ）符号代表门。

A. M　　B. C　　C. Y　　D. B

4．建筑施工图中（ ）符号代表窗。

A. M　　B. Y　　C. B　　D. C

5．常用建筑构件空心板的代号是（ ）。

A. B　　B. WB　　C. KB　　D. CB

6．绘制建筑施工剖面图，首先要（ ）。

A. 标出室外地坪面　　B. 根据建筑首层平面图确定剖切位置

C. 根据轴线画出墙厚　　D. 根据轴线画出屋顶的外部轮廓线

7．看工业厂房平面图先看（ ）。

A. 柱子布置形式　　B. 定位轴线

C. 吊车设置情况　　D. 门窗布置

8．看建筑工程施工图的步骤是：应先看（ ）。

A. 设计总说明　　B. 总平面图

C. 图纸目录　　D. 基础题

9．看工业厂房剖面图先看（ ）。

A. 地坪标高　　B. 牛腿顶面及吊车梁轨道

C. 外墙处的竖向尺寸　　D. 剖面图在平面图上的剖切位置

10．砖混结构房屋的基础是承受（ ）。

A. 全部荷载　　B. 墙体荷载

C. 屋盖荷载　　D. 楼盖荷载

11．建筑施工剖面图上的层高是指（ ）。

A. 由本层地坪至本层顶板下的垂直高度

B. 楼面与楼面之间的垂直高度

C. 下层地坪到上层地坪的垂直高度

D. 楼面与地坪之间的垂直高度

12．建筑结构施工图中的楼层结构平面布置图主要用来表示（ ）。

A. 楼层各种构件的平面关系

B. 各种构件和砖墙的位置

C. 各种预制构件的名称、编号

D. 砖墙与构件的搭接尺寸

13．识读建筑结构楼层平面图首先要查阅（ ）。

A. 施工说明等

B. 楼层结构平面布置图与建筑平面图的关系

C. 楼板的种类、型号及块数

D. 墙与板的关系

14．审核建筑剖面图必须先熟悉有关的（ ）。

A. 说明　　B. 图例　　C. 剖切部位　　D. 标高

15．准确理解剖面图的内容，必须先在（ ）找到剖面图的位置。

A. 大样图　　B. 平面图或构建图　　C. 立面图　　D. 详图

16．在审核外墙详图时，首先应找到详图所表示的（ ）。

A. 建筑部位　　B. 结构部位　　C. 安装部位　　D. 施工部位

17. 在审核图纸时，如发现建筑施工图与结构施工图之间有矛盾，则以（ ）为准。

A. 建筑尺寸　　B. 结构尺寸　　C. 安装尺寸　　D. 详图尺寸

18．建筑立面图主要表现建筑物的（ ）。

A. 总高度　　B. 屋顶的形状及大小

C. 立面及建筑外形轮廓　　D. 门窗样式

19．结构施工图主要是说明（ ）的图。

A. 内部构造　　B. 房屋骨架构造

C. 承重构件　　D. 结构造型

20．民用建筑按用途分为（ ）。

A. 居住建筑和公共建筑

B. 砖木结构和砖混结构

C. 砖木结构、砖混结构、钢筋混凝土建筑和钢结构建筑

D. 钢筋混凝土建筑和钢结构建筑

# 第二章　落地式脚手架

## 一、选择题

1．多立杆杉篙脚手架的垂直偏差不超过（ ）。

A. 1/100　　B. 1/160　　C. 1/200　　D. 1/150

2．多立杆杉篙脚手架的立杆纵向间距不得大于（ ）。

A. 1.7 m　　B. 1.8 m　　C. 1.5 m　　D. 1.9 m

3．单排杉篙脚手架搭设在门窗洞口两侧（ ）和墙角转角处 7/4 砖的范围内不得安放排木。

A. 2/4　　B. 4/4　　C. 4/5　　D. 6/4

4．搭设杉篙脚手架用的排木长度以（ ）为标准，其小头有效直径不得小于 9 cm。

A. 1～2 m　　B. 3～3 m　　C. 2～4 m　　D. 3～4 m

5．在搭设杉篙脚手架，如遇顺水杆有弯时，应将（ ），不得将弯势面向里或向外绑扎，防止脚手架里出外进，立面不平整。

A. 凸面向上　　B. 凹面向右　　C. 凸面向左　　D. 凹面向下

6．绑扎双排杉篙脚手架的顺水杆时，如遇接头应将顺水杆小头压大头，

接长长度不小于 1.5 m，且要绑扎（ ）铅丝。

A. 二道　　B. 三道　　C. 四道　　D. 五道

7．绑扎杉篙脚手架用 8 号铅丝时，其断料长度为（ ）。

A. 1.2～1.3 m　　B. 1.3～1.4 m　　C. 1.4～1.5 m　　D. 1.4～1.6 m

8．多立杆杉篙脚手架立杆与墙面的距离：双排脚手架的外排立杆为（ ）。

A. 1.2～2 m　　B. 1.5～2 m　　C. 2～2.5 m　　D. 2.5～3 m

9．多立杆杉篙结构脚手架顺水杆之间每步高不得超过（ ）。

A. 1.3 m　　B. 1.4 m　　C. 1.2 m　　D. 1.5 m

10．为施工方便和不影响通行与运输，当杉篙脚手架搭设遇到门洞通道时，应在通道两侧加设八字撑，一般八字撑与地面或夹角为（ ），并于立杆和顺水杆绑扎牢固。

A. 45°　　B. 50°　　C. 60°　　D. 65°

11．搭设双排杉篙脚手架时，如遇地面较硬，立杆无法埋深时，可以直接立在地面上，但必须采用（ ）方法。

A. 角铁固定　　B. 缆风绳加固

C. 8 号铅丝绑扎固定　　D. 绑扎扫地杆

12．多立杆杉篙单排脚手架立杆距离墙面最宽不得大于（ ）。

A. 2.2 m　　B. 2.5 m　　C. 1.8 m　　D. 2.2 m

13．单排杉篙脚手架搭设在宽度小于（ ）的窗间墙上不得安放排木。

A. 0.5 m　　B. 0.8 m　　C. 1 m　　D. 0.7 m

14．多立杆砌筑脚手架其剪刀撑的斜杆与地面夹角为（ ）。

A. 30°～45°　　B. 30°～50°　　C. 30°～55°　　D. 45°～60°

15．竹木脚手架的立杆，斜撑的底部均要埋入地下，埋设深度视土质情况而定，一般立杆埋深不小于（ ）。

A. 20 cm　　B. 30 cm　　C. 40 cm　　D. 50 cm

16．对于多立杆式脚手架的顺水杆，其容许挠度一般为杆长的（ ）。

A. 1/100　　B. 1/150　　C. 1/200　　D. 1/250

17．杉篙双排脚手架搭设到收顶时，如果是平屋顶屋面，立杆必须超过如墙顶面（ ）。扣除且从最上层脚手板到立杆顶端要绑两道护身栏和立挂安全网。

A. 0.8 m　　B. 0.9 m　　C. 1 m　　D. 0.7 m

18. 钢管脚手架压栏子之间的间距不得超过（ ）立杆，与地面的夹角为45°～60°，并在下脚处垫木板或金属板墩。

A. 9 根　　B. 8 根　　C. 6 根　　D. 7 根

19. 扣件式钢管脚手架在搭设封顶时，其外排立杆顶端，平屋顶必须超过如墙顶（ ），并绑扎两道护身栏，一道挡脚板，立挂安全网。

A. 0.7 m　　B. 8 m　　C. 9 m　　D. 0 m

20. 扣件式钢管脚手架搭设时，必须掌握好扣件螺栓的扭力矩，要求扭力矩达到（ ）为宜。

A. 3～4 kN·m　　B. 5～4 kN·m　　C. 5 kN·m　　D. 4～5 kN·m

21. 扣件式钢管脚手架用于排木的钢管长度以（ ）为宜，以适应脚手架的宽度。

A. 1.8～2.1 m　　B. 9～2.2 m　　C. 3～2.5 m　　D. 1～2.3 m

22. 门式脚手架搭设时，必须调整好脚手架的（ ）和水平度，这对于确保脚手架的承载性能至关重要。

A. 基底夯实抄平　　B. 第一步门架顶面标高

C. 垂直度　　D. 上下门架竖杆之间

23. 门式钢管脚手架纵向斜度不得超过总高度的（ ），横向斜度不得超过总高度的 1/200。

A. 1/300　　B. 1/350　　C. 1/400　　D. 1/450

24. 为了防止门式钢管脚手架倾倒，要每相隔（ ）榀框架高 4 个跨间设置连墙杆与墙拉接牢固。

A. 2～3　　B. 3～4　　C. 4～5　　D. 5～6

25. 门形框架一般用直径为（ ），壁厚为 3 mm 的钢管焊接而成。

A. 38～45 mm　　B. 27～45 mm　　C. 35～45 mm　　D. 45～57 mm

26. 搭设双排扣件式钢管脚手架高 30 m，立杆要求垂直，立杆对垂直线的容许偏差应不大于其高度的 1/200，其垂直容许偏差为（ ）。

A. 10 m　　B. 15 m　　C. 20 m　　D. 25 m

27. 用扣件式钢管脚手架上的十字盖，抛撑和连墙杆，来确保脚手架的整体刚度和稳定性，加强其抵抗（ ）的能力。

A. 垂直　　B. 水平　　C. 垂直和水平　　D. 斜向风力

28．碗扣式钢管脚手架，其组合形式为双排普通型的立杆，横距为 1.2 m，立杆纵距为 1.8 m，步距为（ ）。

A. 1.6 m　　B. 1.8 m　　C. 2.0 m　　D. 2.2 m

29．在碗扣式钢管脚手架铺设斜脚手架，只限定在（ ）纵距的脚手架上使用，升坡为 1∶3。

A 1.6 m　　B 1.8 m　　C 2.0 m　　D 2.2 m

30．扣件式钢管脚手架在搭设各种模板支撑架时，立杆间距和步高一般为（ ），荷载大的部位可缩小间距或采用双杆。

A. 0.5～0.6 m　　B. 0.6～1.2 m　　C. 1.2～1.4 m　　D. 1.4～1.6 m

31．搭设门形刚架装配式外脚手架时，其下部内侧要加设通长的顺水杆，应不小于（ ），且内外侧均需要设置。

A. 二步　　B. 三步　　C. 四步　　D. 五步

32．插口架子安装就位后，插口架子之间的间隙，不得大于（ ）并将间隙处用盖板连接绑扎牢固，再在立面外侧用安全网封死。

A. 20 cm　　B. 22 cm　　C. 24 cm　　D. 26 cm

33．扣件式钢管脚手架，架高在 30 m 以上，立杆的垂直偏差，应使全高偏斜不大于（ ）。

A. 10cm　　B. 12cm　　C. 15cm　　D. 16cm

34．搭设单排碗扣式重型脚手架，其立杆纵距为（ ）。

A. 0.9 m　　B. 1.0 m　　C. 1.1 m　　D. 1.2 m

35．门形刚架装配式脚手架搭设时要严格控制首层门架的垂直度，一定要使门架竖杆在两个方向的垂直偏差均在（ ）以内，顶部水平偏差控制在 5 mm 以内。

A. 2 mm　　B. 3 mm　　C. 4 mm　　D. 5 mm

36．碗扣式钢管脚手架其上，下碗扣的限位销按（ ）间距设置在钢管立杆上。

A. 40 cm　　B. 50 cm　　C. 60 cm　　D. 70 cm

37．搭设双排碗扣式脚手架，其连墙杆在（ ）范围内设置 1 点。

A. 10～20 $m^2$　　B. 20～30 $m^2$　　C. 30～40 $m^2$　　D. 40～50 $m^2$

38．插口架子的别杆要别于窗口的上、下口，每边长于所别实墙（ ）并与插口杆绑牢。

A. 10 cm　　B. 14 cm　　C. 18 cm　　D. 20 cm

39．搭设单排轻型碗扣式钢管脚手架时，其立杆纵距为（ ）步距为 1∶8。

A. 1.2 m　　B. 1.4 m　　C. 1.6 m　　D. 1.8 m

40．搭设碗扣式钢管脚手架时，当脚手架高大于 30 m 时，其斜撑杆的布置密度为整架面积的（ ）。

A. 1/2　　B. 1/3　　C. 1/4　　D. 1/2～1/4

41．安装门形刚架装配式外脚手架的门架时，上下门架竖杆之间要对齐，对中偏差不应大于（ ），并相应调整门架的垂直度和水平度。

A. 3 mm　　B. 4 mm　　C. 5 mm　　D. 6 mm

42．搭设脚手架所用料具必须是合格品，对于安全网和安全带每（ ）必须进行荷载试验。

A. 三个月　　B. 半年　　C. 九个月　　D. 一年

43．搭设钢管脚手架的扣件活动部位应能灵活转动，旋转扣件的两旋转面间隙应小于（ ）。

A. 3 mm　　B. 2.5 mm　　C. 2 mm　　D. 1 mm

44．螺栓连接的钢管脚手架，其螺栓用 A3 钢，直径为（ ）。

A. 10 mm　　B. 11 mm　　C. 12 mm　　D. 14 mm

## 二、实际操作题

1．搭设杉篙双排脚手架（砌筑用）（8 步高）

**考核项目及评分标准**

| 序号 | 测定项目 | 评分标准 | 满分 | 检测点 | | | | | | 得分 |
|---|---|---|---|---|---|---|---|---|---|---|
| | | | | 1 | 2 | 3 | 4 | 5 | 6 | |
| 1 | 施工准备 | （1）用料选择分类；<br>（2）用灰点标出立杆位置 | 5<br>5 | | | | | | | |

| 序号 | 测定项目 | 评分标准 | 满分 | 检测点 | | | | | | 得分 |
|---|---|---|---|---|---|---|---|---|---|---|
| | | | | 1 | 2 | 3 | 4 | 5 | 6 | |
| 2 | 操作工艺<br>（1）基础处理<br>（2）操作方式 | 符合要求，立杆埋牢稳固<br>（1）搭设顺序符合要求：立杆→顺水杆→十字撑→抛撑→排水；<br>（2）操作配合符合要求 | 10<br>10<br>20 | | | | | | | |
| 3 | 质量标准 | （1）立杆纵距小于 1.8 m；<br>（2）立杆离墙面距离小于 0.5 m；<br>（3）立杆横距小于 1.5 m；<br>（4）顺水杆步距小于 1.4 m；<br>（5）操作层排水间距不大于 1.0 m | 4<br>4<br>4<br>4 | | | | | | | |
| 4 | 文明施工 | 工完场不清，扣 3～5 分 | 5 | | | | | | | |
| 5 | 安全施工 | 有重大事故本项目无分，一般事故扣 3～5 分 | 10 | | | | | | | |
| 6 | 工效 | 完成劳动定额 90%以下者本项目无分；在 90%～100%者酌情扣分；超过定额者酌情加 1～3 分 | 15 | | | | | | | |

2．搭设 20 m 高扣件钢管四柱井架（井孔尺寸 1.9 m×1.9 m）

**考核项目及评分标准**

| 序号 | 测定项目 | 评分标准 | 满分 | 检测点 | | | | | | 得分 |
|---|---|---|---|---|---|---|---|---|---|---|
| | | | | 1 | 2 | 3 | 4 | 5 | 6 | |
| 1 | 施工准备料具现场 | （1）按搭设要求，选好钢管、扣件、天梁轮、导轨、钢丝绳等组织入场；<br>（2）按搭设要求平场务实，地基放线定位 | 5<br>5 | | | | | | | |
| 2 | 操作工艺 | 符合要求，垫板→底座→立杆 | 50 | | | | | | | |
| 3 | 质量标准 | 顺水杆→排水→天梁（天滑轮）→滑道→吊篮→钢丝绳<br>（1）杆件平直、立杆垂直偏差不得超过总高度的1/400；<br>（2）十字撑和斜撑用整根钢管；<br>（3）进料及出料口的净空高度不小于 1.7 m；<br>（4）导轨垂直度及间距尺寸的偏差不大于±10 mm；<br>（5）排水间距 1.2～1.4； | 3<br>2<br>2<br>3<br>3 | | | | | | | |

| 序号 | 测定项目 | 评分标准 | 满分 | 检测点 | | | | | | 得分 |
|---|---|---|---|---|---|---|---|---|---|---|
| | | | | 1 | 2 | 3 | 4 | 5 | 6 | |
| 3 | 质量标准 | （6）四面均设十字撑，每 3～4 m 设一道，上下连续设置；<br>（7）天轮梁对角设置或在支承处设人字撑杆；<br>（8）设缆风二道，与地面成 45°夹角 | 3<br>2<br>3 | | | | | | | |
| 4 | 文明施工 | 工完场不清，扣 3～5 分 | 5 | | | | | | | |
| 5 | 安全施工 | 出重大事故的，本项目无分；一般事故扣 3～5 分 | 10 | | | | | | | |
| 6 | 工效 | 完成劳动定额 90%以下者，本项目无分；在 90%～100%者，酌情扣分；超过定额者，酌情加 1～3 分 | 15 | | | | | | | |

3．搭设双排普通型碗扣式脚手架（大于 30 m）

**考核项目及评分标准**

| 序号 | 测定项目 | 评分标准 | 满分 | 检测点 | | | | | | 得分 |
|---|---|---|---|---|---|---|---|---|---|---|
| | | | | 1 | 2 | 3 | 4 | 5 | 6 | |
| 1 | 施工准备材料现场 | 构、配件按要求配齐，按要求检查 | 10 | | | | | | | |
| 2 | | 符合要求，立杆基地间的高度小于 60 m | 5 | | | | | | | |

| 序号 | 测定项目 | 评分标准 | 满分 | 检测点 | | | | | | 得分 |
|---|---|---|---|---|---|---|---|---|---|---|
| | | | | 1 | 2 | 3 | 4 | 5 | 6 | |
| 2 | 操作工艺<br>（1）基础处理<br>（2）组合形式<br>（3）组架方法 | （1）立杆横距1.2 m；<br>（2）立杆纵距1.8 m；<br>（3）步距1.8 m<br>按要求组合：用直角交叉<br>（1）斜撑杆的布置密度为整架面积的1∶3；<br>（2）连墙撑的设置，每30～40m²；<br>（3）脚手板设置：平稳、不浮搁；<br>（4）踏步梯宽占架宽小于1/2；<br>（5）安全网设置、水平外伸、每隔10～12 m设一道；<br>（6）提升滑轮、爬升挑梁设置符合要求 | 3<br>3<br>3<br>5<br>5<br>5<br>5<br>5<br>5 | | | | | | | |
| 3 | 质量要求 | （1）立杆的接长缝应错开；<br>（2）内立杆距墙面以35～45 cm为宜<br>（3）立杆的垂直度控制在1/400～1/600，全高垂直偏差小于100 mm；<br>（4）斜撑杆、连墙点、支撑架的横梁、斜道、护杆等均应按要求设置 | 4<br>4<br>4<br>4 | | | | | | | |

| 序号 | 测定项目 | 评分标准 | 满分 | 检测点 | | | | | | 得分 |
|---|---|---|---|---|---|---|---|---|---|---|
| | | | | 1 | 2 | 3 | 4 | 5 | 6 | |
| 4 | 文明施工 | 工完场不清，扣3～5分 | 5 | | | | | | | |
| 5 | 安全施工 | 出重大事故的，本项目无分，一般事故的，扣3～5分 | 10 | | | | | | | |
| 6 | 工效 | 完成劳动定额90%以下者，本项目无分；在90%～100%者，酌情扣分；超过定额者，酌情加1～3分 | 15 | | | | | | | |

4．搭设杉篙双排脚手架（砌筑用）（8步高）

**考核项目及评分标准**

| 序号 | 测定项目 | 评分标准 | 满分 | 检测点 | | | | | | 得分 |
|---|---|---|---|---|---|---|---|---|---|---|
| | | | | 1 | 2 | 3 | 4 | 5 | 6 | |
| 1 | 施工准备<br>（1）选材<br>（2）选地形 | 根据任务大小、选择不同长度的杉篙、横木、标棍和绳<br>按用途选好搭设地 | 5<br>5 | | | | | | | |
| 2 | 操作工艺 | 符合要求，搭设顺序为：基础立杆→顺杆→横木→支杆→十字杆（正式搭设前应先绑扎三脚架与马架） | 40 | | | | | | | |

| 序号 | 测定项目 | 评分标准 | 满分 | 检测点 | | | | | | 得分 |
|---|---|---|---|---|---|---|---|---|---|---|
| | | | | 1 | 2 | 3 | 4 | 5 | 6 | |
| 3 | 质量要求 | （1）立杆面宽之间的距离为2 m；<br>（2）各步顺杆之间的距离1.7 m；<br>（3）承托脚手板的横木中到中距离为1 m。近墙面一端离墙面10 cm | 7<br>7<br>6 | | | | | | | |
| 4 | 文明施工 | 工完场不清，扣3～5分 | 5 | | | | | | | |
| 5 | 安全施工 | 出重大事故的，本项目无分；一般事故的，扣3～5分 | 10 | | | | | | | |
| 6 | 工效 | 完成劳动定额90%以下者，本项目无分；在90%～100%者，酌情扣分；超过定额者，酌情加1～3分 | 15 | | | | | | | |

# 第三章　不落地式脚手架

## 一、选择题

1. 挑架子中的斜杆与墙面的夹角应不大于（ ）。

A. 75°　　B. 30°　　C. 45°　　D. 60°

2. 如墙上无窗口时，在砌筑墙时预留孔洞或预埋钢筋不使搭设时斜杆的底端不能支撑住，挑架子的挑出宽度不大于（ ）。

A. 1.6 m　　B. 1.7 m　　C. 1.8 m　　D. 1.5 m

3. 挑架子中的护身栏杆距离檐口外缘不小于（ ）。

A. 30cm　　B. 40cm　　C. 50cm　　D. 20cm

4. 吊篮上所挂的立式安全网应用直径小于（ ）的尼龙网或金属网。

A. 10cm　　B. 12 cm　　C. 15cm　　D. 18cm

5. 吊篮里皮距建筑物 10cm 为宜，两吊篮之间间距不得在于（ ）。

A. 20cm　　B. 25 cm　　C. 30cm　　D. 35cm

6. 搭设挂架时，必须在砌体内根据使用挂架的形式和位置埋设好钢销片，其间距水平方向一般不大于（ ），竖直方向使用三角挂架时为 1.8 m 左右。

A. 2 m　　B. 2.2 m　　C. 2.4 m　　D. 2.5 m

7. 用钢管为立杆的吊篮，立杆间距不大于（ ）。

A. 2 m　　B. 2.2 m　　C. 2.4 m　　D. 2.5 m

8. 悬挑平台的关键部位是（ ），它的材质及焊接质量必须符合要求。

A. 主梁　　B. 吊索　　C. 钩挂吊的吊环　　D. 底板

9. 手扳葫芦升降吊篮时，必须拉设一根直径 12.5 mm 的保险钢丝绳以保证手扳葫芦发生打滑或（ ）时的安全。

A. 断裂　　B. 短绳　　C. 开口　　D. 扭转

10. 里皮不能绑护栏的吊篮，必须与建筑物拉牢固定，吊篮里皮与建筑物的间距不得大于（ ）。

A. 20cm　　B. 25cm　　C. 28cm　　D. 30cm

11. 搭设挂架时，要注意在门窗洞口两侧（ ）范围内不能设挂架。

A. 18 cm　　B. 20cm　　C. 22cm　　D. 25cm

12. 吊篮承受挑梁拉力的预埋，应用直径不小于（ ）的圆钢。

A. 6 mm　　B. 8 mm　　C. 10 mm　　D. 12 mm

13. 附墙升降脚手架的活动架立管为（ ）mm 的无缝钢管。

A. $\phi$51×3.5　　B. $\phi$51×4　　C. $\phi$63.5×4　　D. $\phi$63.5×3.5

14. 每一套独立的升降单元体两个升降架间距不宜超过（ ）。

A. 2 m　　B. 3 m　　C. 4 m　　D. 5 m

## 二、实际操作

安装吊篮架子

考核项目及评分标准

| 序号 | 测定项目 | 评分标准 | 满分 | 检测点 | | | | | | 得分 |
|---|---|---|---|---|---|---|---|---|---|---|
| | | | | 1 | 2 | 3 | 4 | 5 | 6 | |
| 1 | 施工准备及组合构件及零配件基础处理 | 符合要求进入场地；<br>保持水平标高小于2cm | 5<br>5 | | | | | | | |
| 2 | 操作工艺 | （1）按施工方案要求安装；<br>（2）工艺顺序合理；<br>（3）立柱按平面尺寸定位其便宜小于1cm | 20<br>10<br>10 | | | | | | | |
| 3 | 质量要求 | （1）首层立柱，控制两个方向的垂直偏差小于4cm；<br>（2）组装完后总垂直度偏差小于柱高1/650；<br>（3）处理好角柱的拉结；<br>（4）桥面平台与外墙或阳台间隙小于15cm；<br>（5）搁置桥架的钢销探出长度15cm； | 4<br>4<br>3<br>3<br>3 | | | | | | | |

| 序号 | 测定项目 | 评分标准 | 满分 | 检测点 | | | | | | 得分 |
|---|---|---|---|---|---|---|---|---|---|---|
| | | | | 1 | 2 | 3 | 4 | 5 | 6 | |
| 3 | 质量要求 | （6）全部立柱和桥架的螺栓应逐个拧紧不得漏装和以小带大 | 3 | | | | | | | |
| 4 | 文明施工 | 工完场不清，扣3～5分 | 5 | | | | | | | |
| 5 | 安全施工 | 出重大事故的，本项目无分；一般事故的，扣3～5分 | 10 | | | | | | | |
| 6 | 工效 | 完成劳动定额90%以下者，本项目无分；在90%～100%者，酌情扣分；超过定额者，酌情加1～3分 | 15 | | | | | | | |

搭设单桥式脚手架（支柱用扣管搭设井字架不列入考核内容）

**考核项目及评分标准**

| 序号 | 测定项目 | 评分标准 | 满分 | 检测点 | | | | | | 得分 |
|---|---|---|---|---|---|---|---|---|---|---|
| | | | | 1 | 2 | 3 | 4 | 5 | 6 | |
| 1 | 施工准备<br>材料<br>现场条件 | （1）对大楼板进行质量检查合格才准使用；<br>（2）核对设计图纸其型号规格；<br>（3）检查大楼板现场堆放情况，并要符合规定；<br>（4）检查墙体标高及轴线 | 2.5<br>2.5<br>2.5<br>2.5 | | | | | | | |

| 序号 | 测定项目 | 评分标准 | 满分 | 检测点 | | | | | | 得分 |
|---|---|---|---|---|---|---|---|---|---|---|
| | | | | 1 | 2 | 3 | 4 | 5 | 6 | |
| 2 | 操作工艺 | 符合要求，其顺序为：抹找平层→起吊→就位→校正→焊接→浇混凝土 | 40 | | | | | | | |
| 3 | 质量要求 | （1）轴线位移允许偏差 5 mm；<br>（2）层高±10 mm；<br>（3）楼板搁置长度±10 mm；<br>（4）大楼板同一轴线相邻板上表面高差 5 mm； | 5<br>5<br>5<br>5 | | | | | | | |
| 4 | 文明施工 | 工完场不清，扣 3～5 分 | 5 | | | | | | | |
| 5 | 安全施工 | 出重大事故者，本项目无分；一般事故者，扣 3～5 分 | 10 | | | | | | | |
| 6 | 工效 | 完成劳动定额 90%以下者，本项目无分；在 90%～100%者，酌情扣分；超过定额者，酌情加 1～3 分 | 15 | | | | | | | |

| 序号 | 测定项目 | 评分标准 | 满分 | 检测点 | | | | | | 得分 |
|---|---|---|---|---|---|---|---|---|---|---|
| | | | | 1 | 2 | 3 | 4 | 5 | 6 | |
| 1 | 施工准备<br>材料<br>现场条件 | 按要求进料；<br>检查挑出部位条件 | 5<br>5 | | | | | | | |
| 2 | 操作工艺 | 符合要求，室内：立竖杆→排木→斜撑窗盘上排木→室内栏杆→斜撑底处两根栏墙杆与斜撑绑牢；<br>室外：大排木与小排木扎牢→脚手板→顺水杆→栏杆 | 40 | | | | | | | |
| 3 | 质量要求 | （1）斜撑与墙面夹角小于 30° ；<br>（2）护身栏距屋面檐口小于750cm;<br>（3）排木步距1.2 m | 7<br>8<br>5 | | | | | | | |
| 4 | 文明施工 | 工完场不清，扣3～5 分 | 5 | | | | | | | |
| 5 | 安全施工 | 出重大事故者，本项目无分；一般事故者，扣 3～5 分 | 10 | | | | | | | |
| 6 | 工效 | 完成劳动定额90%以下者，本项目无分；在 90%～100%者，酌情扣分；超过定额者，酌情加 1～3 分 | 15 | | | | | | | |

# 第四章　常见的脚手架

## 一、选择题

1. 里脚手架单排架支柱离墙不大于（ ），横杆搁入墙内不小于 24cm。

A. 1.8　　B. 1.7　　C. 1.6　　D. 1.5

2. 龙门架高度在 12 m 以上者，要每递增（ ）增设一道缆风绳。

A. 18 cm　　B. 20 cm　　C. 22 cm　　D. 25cm

3. 支好的安全网在承受重为 100 kg，表面积为 2 800cm 的砂袋假人，从（ ）高处下落的冲击后，网绳系绳边绳不断。

A. 5 m　　B. 6 m　　C. 8 m　　D. 10 m

4. 使用桥式架子，挑架子的安全网高度要经常保持在作业面的（ ）以下。

A. 1.5 m　　B. 1 m　　C. 1.7 m　　D. 1.8 m

5. 搭设钢管井字架，安装外侧天滑轮时，要超出顺水杆不小于（ ），使用钢丝绳上下不摩擦顺水杆。

A. 4 cm　　B. 5 cm　　C. 3cm　　D. 2cm

6. 龙门架是由（ ）及天轮架构成的门式架。

A. 多根立杆　　B. 两根立杆　　C. 滑轮、导轨　D. 吊盘、起重索

7. 高层建筑施工的安全网一律（ ）挑支，用钢丝绳绷挂。

A. 用杉篙杆　　B. 用竹杆　　C. 用钢管　　D. 用组合钢管角架

8. 独立斜道搭设时立杆和顺水杆间距不得大于（ ）。

A. 1.6 m　　B. 1.7 m　　C. 1.5m　　D. 1.8 m

9. 木脚手板对头铺设时，在每块板的端头下必须要有小横杆，小横杆离板端的距离应不大于（ ）

A. 22cm　　B. 15 cm　　C. 20cm　　D. 25cm

10. 钢管井字架，一般采用外径为（ ），壁厚为 3～3.5 mm，长度为 4～6.5 m 的钢管拼装搭设。

A. 45～50 mm　　B. 46～51 mm　　C. 48～51 mm　　D. 48～50 mm

11. 搭设钢管井架用的回转扣件是用于（ ）。

A. 连接扣紧两根任意角相交的杆件

B. 连接扣紧两根垂直相交的杆件

C. 连接两根杆件的对接接长

D. 连接扣紧两根水平相交的杆件

12. 钢管井字架中斜杆与地面夹角不得大于（ ）。

A. 70°　　B. 60°　　C. 65°　　D. 75°

13. 铺设搭接脚手板时，要求两块脚手板端头的搭接长度应不小于（ ）。

A. 20cm　　B. 30cm　　C. 35cm　　D. 40cm

14. 一般棚仓搭设立杆的间距一般不大于（ ）。

A. 4 m　　B. 4.5 m　　C. 3.5 m　　D. 3 m

15. 安全网使用钢管架设时，常采用（ ）的钢管。

A. ϕ46×3.5　　B. ϕ47×3.5　　C. ϕ48×3.5　　D. ϕ49×3.5

16. 井字架中的天轮点高度至少高于建筑物（ ），并在滑道上距顶 4 m 处加设卷扬限位器。

A. 4 m　　B. 5 m　　C. 6 m　　D. 7 m

17. 架子高度在（ ）以下时，一般可搭设一字形的斜道。

A. 二步　　B. 三步　　C. 四步　　D. 五步

18. 搭设里脚手架，其双排架的纵向间距不大于（ ），横向间距不大于 1.5 m。

A. 2.0 m　　B. 2.2 m　　C. 2.3 m　　D. 1.8 m

19. 龙门架竖立后必须校正，导轨的垂直度及间距尺寸偏差不得大于（ ）。

A. ±15 mm　　B. ±18 mm　　C. ±10 mm　　D. ±12 mm

20. 斜道两侧及拐弯平台外围，应设不低于（ ）的防护栏。

A. 0.8 m　　B. 0.9 m　　C. 1.0 m　　D. 0.7 m

21. 高度不大的龙门架可用（ ）竖立。

A. 独立拔杆　　B. 直接拉动缆风绳　　C. 手板葫芦　　D. 起重机

22. 木井架立杆间距最大不得超过（ ），顺水杆间距为 1.2～1.3 m 最下一步顺水杆离地为 1.7～1.8 m。

A. 1.4 m　　B. 1.5 m　　C. 1.6 m　　D. 1.7 m

23. 井架自地面（ ）以上的四周（出料口除外），应使用安全网或其他遮挡材料进行封闭，避免吊盘上材料坠落伤人。

A. 3 m　　B. 4 m　　C. 5 m　　D. 6 m

24. 大跨度棚仓，由于比较高大，为防止风力，搭设好后应在四角增设（ ）。

A. 压风绳　　B. 固定桩　　C. 挡风棚　　D. 挡风板

25. 木井架缆风绳的设置高度在（ ）时，应在其顶角拉上缆风绳。

A. 10～15 m　　B. 15～16 m　　C. 16～17 m　　D. 17～18 m

26. 在搭设钢管受料台时，在平台架纵向外侧，（ ）设一水平拉杆，在平台架里面即内排立杆间，每两步设一水平拉杆。

A. 每一步　　B. 每两步　　C. 每三步　　D. 每四步

27. 搭设大跨度棚仓的坡度（与地面的夹角）一般为（ ）。

A. 30°～45°　　B. 45°～60°　　C. 60°～70°　　D. 70°～80°

28. 脚手架搭接时，不得小于 20cm，对接时应搭设双排小横杆间距不大于（ ）。

A. 20 cm　　B. 22cm　　C. 24cm　　D. 26cm

29. 高层建筑施工用的受料台，在建筑物的垂直方向应（ ），以避免上面的受料台阻碍向下层受料台吊运物品材料。

A. 同位设置　　B. 错开设置　　C. 在同一平面位置上　　D. 垂直设置

30. 脚手板须满铺，离墙面不得大于（ ），并不得有空隙和探头板。

A. 24cm　　B. 20cm　　C. 22cm　　D. 25cm

31. 安全网要随楼层施工进度逐步上升，高层建筑除这一道逐步上升的安全网外，尚应在下面间隙隔（ ）的部位设置一道安全网。

A. 1～2 层　　B. 2～3 层　　C. 3～4 层　　D. 4～5 层

32. 组合式平台架的高度分 1.2 m、1.8 m 两种，最大砌筑高度可满足（ ）层高的要求。

A. 2.5～2.7　　B. 2.7～3.0　　C. 3.0～3.3　　D. 3.3～3.6

33. 支柱式里脚手架横杆一般采用直径不小于（ ）mm 的钢管或断面不小于 100 mm×60 mm 的方木。

A. 20　　B. 30　　C. 40　　D. 50

## 二、实际操作题

搭设一字形斜道（宽度<2 m）

考核项目及评分标准

| 序号 | 测定项目 | 评分标准 | 满分 | 检测点 | | | | | | 得分 |
|---|---|---|---|---|---|---|---|---|---|---|
| | | | | 1 | 2 | 3 | 4 | 5 | 6 | |
| 1 | 施工准备 | （1）现场定位符合要求；<br>（2）材料工具按要求进场 | 5<br>5 | | | | | | | |
| 2 | 操作工艺 | 符合要求，室内：<br>（1）平台→斜道；<br>（2）定位→竖立杆→顺水杆→排木→十字斜撑→脚手板→护身栏→挡脚板 | 40 | | | | | | | |
| 3 | 质量要求 | （1）立杆、顺水杆间距小于 1.5 m；<br>（2）排木间距小于 1 m；<br>（3）防滑条间距小于 30cm；<br>（4）挡脚板高于 18cm | 5<br>5<br>5<br>5 | | | | | | | |
| 4 | 文明施工 | 工完场不清，扣 3～5 分 | 5 | | | | | | | |
| 5 | 安全施工 | 出重大事故者，本项目无分；一般事故者，扣 3～5 分 | 10 | | | | | | | |
| 6 | 工效 | 完成劳动定额 90%以下者，本项目无分；在 90%～100%者，酌情扣分；超过定额者，酌情加 1～3 分 | 15 | | | | | | | |

# 第五章　模板支撑架

简答题（见本章后）

# 第六章　脚手架辅助工具和设备

## 一、选择题

1. 在结构吊装施工中常用的钢丝绳是由（ ）和一根绳芯捻成，绳股是由许多根直径为 0.4～4 mm，强度为每平方毫米 1 400～2 000 N 的高强度钢丝捻成。

A. 4 束　　B. 5 束　　C. 6 束　　D. 7 束

2. 地锚埋设时要选择好其埋设位置，如在地锚坑的前方约坑深（ ）的范围内，不得有地沟、电缆、地下管道等。

A. 1.5 倍　　B. 2 倍　　C. 2.5 倍　　D. 3 倍

3. 布置卷扬机时，应使钢丝绳绕入卷扬机卷筒的方向与卷筒轴线（ ）。

A. 45°　　B. 60°　　C. 75°　　D. 90°

4. 选用钢丝绳的夹头时，应使其 V 形环的内侧净距比钢丝绳直径大（ ）。

A. 1～2 mm　　B. 1～3 mm　　C.2～3 mm　　D. 3～4 mm

5. 作缆风用钢丝绳的安全系数为（ ）。

A. 3　　B. 3.5　　C. 4　　D. 4.5

6. 地锚的拉绳与地面的水平夹角为（ ）左右，否则会使地锚承受过大的竖向拉力，而发生事故。

A. 20°　　B. 25°　　C. 30°　　D. 45°

7. 滑轮的吊钩中心，应与（ ），以免物体起吊后不平稳。

A. 吊物一条线上　　B. 吊物重心上

C. 吊物方向一致　　D. 吊物的重心在一条垂直线上

8. 卷扬机安装时，其卷筒中心与导向滑轮的轴线要在一条直线上，卷筒与导向滑轮之间的距离一般应大于（ ）。

A. 10 m　　B. 15 m　　C. 20 m　　D. 25 m

9. 起吊构件用的钢丝绳表面磨损或腐蚀不得超过钢丝绳直径的（ ）。

A. 5%　　B. 8%　　C. 10%　　D. 15%

10. 单根捆龙地锚所能承受的拉力大于（ ），如果用三根捆龙地锚时，其能承受的拉力可大大提高。

A. 20kN　　B. 15kN　　C. 30kN　　D. 25kN

11. 定滑轮在使用中固定的，可以（ ）。

A. 改变用力方向，能省力　　B. 不改变用力方向，能省力

C. 改变用力方向，不能省力　　D. 不改变用力方向，不能省力

12. 安装卷扬机时，其卷轴与导向滑轮中应保持一定的距离，使钢丝绳的偏斜角不大于（ ）。

A. 2.5°　　B. 3°　　C. 1.5°　　D. 3.5°

13. 固定卷扬机的锚确定主要是防止卷扬机（ ）。

A. 滑轮　　B. 倾覆　　C. 滑动或倾覆　　D. 震动

14. 卷扬机就位时，机架下面要铺设（ ），并要保持纵横两个方向的水平。

A. 钢梁　　B. 方木　　C. 石方块　　D. 混凝土

15. 吊盘（ ）的作业是防止卷扬机制动失灵时吊盘突然跌落。

A. 防护卡　　B. 防降卡　　C. 安全卡　　D. 预留卡

## 二、实际操作题

1. 埋设木地锚一组（＜150 kN・m）

**考核项目及评分标准**

| 序号 | 测定项目 | 评分标准 | 满分 | 检测点 | | | | | | 得分 |
|---|---|---|---|---|---|---|---|---|---|---|
| | | | | 1 | 2 | 3 | 4 | 5 | 6 | |
| 1 | 施工准备 | 按要求检查土质硬，不积水<br>料具按要求入场 | 5<br>5 | | | | | | | |
| 2 | 操作工艺 | 符合要求；<br>操作顺序：挖坑→埋木桩→压板→立柱子→木壁→（拉索） | 40 | | | | | | | |

| 序号 | 测定项目 | 评分标准 | 满分 | 检测点 | | | | | | 得分 |
|---|---|---|---|---|---|---|---|---|---|---|
| | | | | 1 | 2 | 3 | 4 | 5 | 6 | |
| 3 | 质量要求 | （1）不得用腐烂的木料；<br>（2）钢丝绳要绑扎牢固；<br>（3）经检查合格才能使用 | 8<br>8<br>4 | | | | | | | |
| 4 | 文明施工 | 工完场不清，扣3～5分 | 5 | | | | | | | |
| 5 | 安全施工 | 出重大事故者，本项目无分；一般事故者，扣3～5分 | 10 | | | | | | | |
| 6 | 工效 | 完成劳动定额90%以下者，本项目无分；在90%～100%者，酌情扣分；超过定额者，酌情加1～3分 | 15 | | | | | | | |

2．用普通穿法直径21.5 mm钢丝绳6×7滑轮组

**考核项目及评分标准**

| 序号 | 测定项目 | 评分标准 | 满分 | 检测点 | | | | | | 得分 |
|---|---|---|---|---|---|---|---|---|---|---|
| | | | | 1 | 2 | 3 | 4 | 5 | 6 | |
| 1 | 施工准备<br>工具 | 准备齐全 | 5<br>5 | | | | | | | |
| 2 | 操作工艺 | 符合要求。绳索→侧滑轮→中间滑轮→另一侧滑轮 | 40 | | | | | | | |
| 3 | 质量要求 | 符合要求：<br>（1）串绕方法正确；<br>（2）滑轮转动灵活；<br>（3）钢丝绳弯曲适当，无卡绳之处；<br>（4）滑车组上下滑车之间的距离符合规定；<br>（5）滑车吊钩中心与构件重心在一条铅垂线上；<br>（6）升降自如 | <br>4<br>4<br>3<br>3<br>3<br>3 | | | | | | | |

| 序号 | 测定项目 | 评分标准 | 满分 | 检测点 | | | | | | 得分 |
|---|---|---|---|---|---|---|---|---|---|---|
| | | | | 1 | 2 | 3 | 4 | 5 | 6 | |
| 4 | 文明施工 | 工完场不清，扣3～5分 | 5 | | | | | | | |
| 5 | 安全施工 | 出重大事故者，本项目无分；一般事故者，扣3～5分 | 10 | | | | | | | |
| 6 | 工效 | 完成劳动定额 90%以下者，本项目无分；在90%～100%者，酌情扣分，超过定额者，酌情加1～3分 | 15 | | | | | | | |

# 第七章　脚手架的施工方案

## 选择题

1. 对搭设高度超过（ ）的脚手架应采取卸荷措施。

A. 30 m　　B. 40 m　　C. 50 m　　D. 60 m

2. 对脚手架的使用荷载必须严格控制，不得超过其（ ）。

A. 设计允许值　B. 标准值　C. 最大值　D. 最小值

3. 架高超过（ ）时，脚手架与工程结构之间必须设置拉结措施。

A. 5 m　　B. 6 m　　C. 7 m　　D. 8 m

4. 架高超过（ ），且相应的脚手架安全技术规范没有给出，不必进行计算的构架尺寸规定时，必须对脚手架进行设计，验算或实物荷载检验。

A. 15 m　　B. 17 m　　C. 19 m　　D. 20 m

5. 单排脚手架不得用于墙厚小于（ ）的砌体。

A. 150 mm　　B. 180 mm　　C. 240 mm　　D. 370 mm

6. 杆件接长使用时，连接点间距应不大于（ ）。

A. 2.0 m　　B. 2.2 m　　C. 2.5 m　　D. 2.8 m

# 第八章　脚手架的质量验收及安全操作

## 选择题

1. 离地（ ）以上高处作业，为了防止高处坠落，操作人员在分处作业时，必须正确使用安全带。

A. 2 m　　B. 3 m　　C. 4 m　　D. 6 m

2. 遇到（ ）以上大风和雾天，雨雪时架子的搭拆工作应暂时停止操作。

A. 3 级　　B. 4 级　　C. 5 级　　D. 6 级

3. 在雷雨季节使用时，高度超过 30 m 钢井架，应装设（ ），否则应暂停使用。

A. 天线　　B. 接地线　　C. 避雷电装置　　D. 接零线

4. 不准在（ ）以上大风或大雨、大雪天气从事露天作业，不准用运料井字架、吊篮载人上下。

A. 4 级　　B. 5 级　　C. 6 级　　D. 7 级

5. 严格执行（ ），做到本工序质量不合格不交工，上道工序不符合要求不进行下道工序施工，保证每道工序达到标准。

A. 自检制度　　B. 互检制度　　C. 隐检制度　　D. 交检制度

6. 搭设脚手架所用料具必须是合格品，对于安全网和安全带每（ ）必须进行荷载试验。

A. 三个月　　B. 半年　　C. 九个月　　D. 一年

7. 每搭设（ ）高度应对脚手架进行检查。

A. 10 m　　B. 15 m　　C. 18 m　　D. 20 m

8. 停工超过（ ）恢复使用前必须对脚手架进行检查。

A. 1 个月　　B. 2 个半月　　C. 2 个月　　D. 2 个半月

# 参考答案

## 第一章

1. B 2. C 3. A 4. D 5. C 6. B 7. B 8. C 9. D 10. A 11. C 12. A 13. A 14. B 15. B 16. A 17. B 18. C 19. B 20. B

## 第二章

1. C 2. C 3. B 4. B 5. A 6. B 7. D 8. C 9. B 10. C 11. D 12. C 13. C 14. D 15. D 16. B 17. C 18. C 19. D 20. D 21. D 22. C 23. C 24. B 25. A 26. B 27. C 28. B 29. B 30. B 31. B 32. A 33. A 34. A 35. A 36. C 37. C 38. D 39. D 40. D 41. A 42. B 43. D 44. C

## 第三章

1. B 2. D 3. D 4. A 5. A 6. A 7. C 8. A 9. B 10. A 11. A 12. D 13. C 14. B

## 第四章

1. D 2. C 3. D 4. B 5. B 6. B 7. D 8. C 9. B 10. C 11. A 12. B 13. D 14. D 15. C 16. C 17. B 18. D 19. C 20. C 21. B 22. A 23. C 24. A 25. A 26. A 27. C 28. A 29. B 30. B 31. C 32. C 33. B

## 第六章

1. C 2. C 3. D 4. B 5. B 6. C 7. D 8. B 9. C 10. C 11. C 12. C 13. C 14. B 15. C

## 第七章

1．C　2．A　3．B　4．D　5．B　6．C

## 第八章

1．A　2．D　3．C　4．C　5．D　6．B　7．A　8．A

# 主要参考文献

[1] 中国建筑科学研究院，哈尔滨工业大学，等. JGJ 130—2001 建筑施工扣件式钢管脚手架安全技术规范[S]. 北京：中国建筑工业出版社，2003.

[2] 哈尔滨工业大学，浙江宝业建设集团有限公司，等. JGJ 128—2010 建筑施工门式钢管脚手架安全技术规范[S]. 北京：中国建筑工业出版社，2010.

[3] 建设部人事教育司. 架子工[M]. 北京：中国建筑工业出版社，2007.

[4] 刘宪勇. 架子工[M]. 北京：中国环境科学出版社，2003.